# 猪场液态饲喂技术100问

李振田　主编

U0839184

河南科学技术出版社

·郑州·

**图书在版编目（CIP）数据**

猪场液态饲喂技术100问/李振田主编．—郑州：河南科学技术出版社，2019．1

ISBN 978-7-5349-9380-0

Ⅰ．①猪…　Ⅱ．①李…　Ⅲ．①猪-饲喂方法-问题解答　Ⅳ．①S828．5-44

中国版本图书馆CIP数据核字（2018）第224878号

---

出版发行：河南科学技术出版社

地址：郑州市金水东路39号　　邮编：450016

电话：（0371）65737028　65788613

网址：www.hnstp.cn

责任编辑：申卫娟

责任校对：金兰苹

装帧设计：张德琛

版式设计：栾亚平

责任印制：张艳芳

印　　刷：郑州环发印务有限公司

经　　销：全国新华书店

幅面尺寸：850 mm×1168 mm　1/32　印张：4．5　字数：127千字　彩插：8面

版　　次：2019年1月第1版　　2019年1月第1次印刷

定　　价：25．00元

---

如发现印、装质量问题，影响阅读，请与出版社联系并调换。

# 本书编写人员名单


主　编　李振田

副主编　孙　羽　穆会杰　余　莹

编　者　种正楷　李向东　詹国志

谢执立　张国辉　李渊楠

# 前　言

液态饲喂在养猪生产中历史悠久，国内外传统养猪方法均为液态或半液态饲喂，基于多种因素影响，目前很多国家大多采用常规干料饲喂，欧洲一些养猪发达国家于 20 世纪 70 年代开始向液态饲喂回归，亚洲一些国家也逐渐开始应用液态饲喂。目前在中国因环保压力、食品安全、减抗替抗、节能减排等诸多因素的影响，也开始了关于液态饲喂的讨论、研究、推广和应用。

近几年来，液态饲喂因对猪的生长速度、健康状况、动物福利、降本增效、环境保护、肉质改善等具有多重独特作用而备受业界关注。如何提高猪群健康，做到无抗饲养，达到生态养殖标准；如何满足妊娠母猪饱腹感，加强动物福利，提高生产成绩；如何有效利用食品工业及农业副产品促进环境保护，提高社会效益；如何进一步改善猪肉品质，美味健康，回归自然；如何利用非常规饲料原料达到降本增效，为养猪从业者带来更大的效益。基于上述众多因素，我们本着高度负责的态度，汇聚多年的研究、实践、应用和经验编著了本书。

本书以专题加问答的形式编写，介绍了液态饲喂系统的基本常识和应用技术，精心甄选了在养殖特别是养猪生产过程中使用液态饲喂的 100 个常见问题，用实践经验知识加图片的形式做了科学细致的讲解。本书共分为九部分，分别为：液态饲喂的术语与概念、液态饲喂应用现状及发展趋势、液态饲喂的特点及优势、液态饲喂日粮配制及应用技术、液态饲喂对水的要求、液态饲喂设备及应用、猪舍规划与改造、液态饲喂方法及注意事项、疫病防控。

本书能够帮助养猪从业者对液态饲喂有一个全新的认识，能够让液态饲喂操作者迅速找到液态饲喂的操作要领及解决问题的方案，希望本书能对广大养猪生产者有所裨益，让猪场应用液态饲喂的新手能够从容应对，指导实践生产。

由于时间和水平有限，书中可能出现疏漏或错误之处，在此恳请读者们提出宝贵意见，助力于液态饲喂技术的进步与发展。

编　者

2018 年 8 月

# 目　录

# 一、液态饲喂的术语与概念

## 1. 什么是液态饲喂？

液态饲喂（liquid feeding）是指利用液体媒介（主要是水、脱脂乳、乳清或其他合适的液体副产物）以悬液的方式将固体（通常为粉状）营养物质或者一些副产品混合物混合均匀后通过管道输送到动物采食点（通常是料槽）的饲喂方式，又称管线饲喂（pipeline feeding）。

广义的液态饲喂也包括传统的湿拌料饲喂、粥料器饲喂等。

## 2. 什么是液态饲喂系统？

液态饲喂系统包括适合于液态饲喂的饲料、饲料添加剂、液态饲喂设备及液态饲喂配套技术。

现代液态饲喂设备基本分为简易型设备和智能化设备两类。简易型设备的核心是液态混合罐和输送管道。智能化液态饲喂系统主要包括计算机控制系统、空气压缩系统、储料塔、储水罐（清水罐、废水回收罐）、带搅拌器的混合罐、混合罐和废水罐的电子称重装置、饲料泵、内置螺旋线的PVC（聚氯乙烯）饲料输送管道、阀门、下料口等。

液态饲喂对料槽有特殊要求，对猪舍空气湿度、温度，漏缝板面积均有一定要求。

## 3. 什么是液态饲料？

能够流动的呈液体状的饲料统称为液态饲料，包括液态饲料原料、液态饲料添加剂、液态全价料，不包含湿拌料。

液态饲料原料包括脱脂乳、乳清、淀粉汤等。液态饲料添加剂包括液态酸化剂、液态调味剂、液态维生素、液态微量元素、液态氨基酸、液态益生菌等。

液态全价料通常是指将适合液态饲喂的饲料原料、添加剂和溶剂（乳清、淀粉汤、食品工业浆液）按照一定比例混合成均匀一致，直接饲喂适宜动物的悬浮溶液。也有一些饲料厂家将所有饲料原料和水通过一定的工艺（通常是发酵）直接混合均匀，制成液态全价饲料成品。这种产品使用简单，但运输和保存难度较大，质量稳定性不易保证。

## 4. 什么是电脑控制液态饲喂？

电脑控制液态饲喂（computerised wet feeding，CWF），又称智能化饲喂，是指整个猪场由1台计算机通过专门设计的操作系统控制整个液态料饲喂系统，包括上料、混合、输送、称量、清洗等工序，可以实现全面自动化，是当前智能化程度最高的液态饲喂设备系统。现场操作员根据生产需求将数据输入预设程序，系统即可按流程（采食曲线）全程智能化运行，每天定时启动，自动执行循环程序，大大提高了工作效率，节约了人员开支。以河南某养殖集团6 000头母猪群为例，其妊娠母猪的饲喂只需要一个液态料管理员通过计算机操作即可完成。

液态饲喂系统依靠传感器传递信息，可以准确将指令传达到各执行端口，根据程序预设饲喂量，将饲料定时定量分配到相应料位，每个下料阀液态饲料可精准到 300 g 以内，干物质可达 100 g 以内，满足猪的采食需求。同时，系统可以一次性设置多条饲喂曲线，来满足不同生理阶段、不同季节、不同膘情猪群的精准营养需要。

## 5. 什么是液态发酵饲料？

液态发酵饲料（fermented liquid feed）是指饲料和水混合后在一定的控制条件下（厌氧 pH 值、温度、发酵促进剂和料水比）储存发酵，经过一定的时间之后再输送到料槽供动物采食的饲料。由于液态发酵需要一定的条件，因此通常需要配备专门的发酵罐，发酵一定时间后直接饲喂或以一定的比例掺入液态饲料进行饲喂。目前市场上宣传的液态发酵饲料只是在饲喂前进行自然发酵，不是严格的厌氧发酵，因此存在一定的风险。

## 6. 液态饲喂与干湿饲喂有何区别？

液态饲喂不同于干湿饲喂。干湿饲喂是通过干湿饲喂器将不能流动的全价固态饲料和适当比例的水在饲喂前进行一定程度的搅拌，然后直接通过猪的采食动作将饲料和水进一步搅拌混合，本质上是相对自动化的湿拌料。猪无须在采食过程中为饮水而移位，从而减少猪的运动量、饲料浪费和呼吸道疾病发生率。

液态饲喂是以液体物质为媒介将饲料以悬浊液的方式由管道输送到采食点的饲喂方式。液态饲喂具备干湿饲喂的所有优点，还具有自身独特的优势：便于液态副产物及液态添加剂的添加和使用；饲料与水充分接触且均匀混合，增加饲料与酶的接触面积，从而提高饲料消化率；液态饲喂系统既可作为混合系统又可作为传递系统，简化饲料的搬运和加工处理过程，节省加工成本和劳动力；能消除50%以上的影响健康的有害粉尘，减少呼吸道疾病的发生，使猪群更加健康。

# 二、液态饲喂应用现状及发展趋势

## 7. 液态饲喂在国内外的应用现状怎么样？

（1）液态饲喂在国外的应用现状：液态饲喂系统在欧洲主要养猪国家使用多年，根据资料显示，在欧洲养猪业中应用液态饲喂德国为30%，英国为20%，法国为60%，丹麦、爱尔兰和荷兰为30%～50%。其中母猪阶段使用液态饲喂设备的比例在50%以上，保育阶段相对少一些。目前亚洲的泰国和菲律宾也正在逐步推广应用。北美洲地区的加拿大安大略省有20%左右的上市猪是由液态饲喂系统饲养出栏的。著名的液态饲喂设备生产商如BIG DUTCHMAN已经在全球安装超过5 000套液态饲喂系统。

（2）液态饲喂在我国的应用现状：国内在2004年引入欧洲液态饲喂系统，当时一些大型养猪集团包括罗牛山、新大牧业等企业均引进过液态饲喂设备。整体来说，目前在我国大型养殖集团中，液态饲喂主要在怀孕母猪阶段使用，其他阶段使用不多。其原因有设备成熟度、设备成本和饲喂技术等方面的问题，也有液态非常规原料的供应问题。

近年来中小规模猪场液态饲喂发展迅速，这得益于液态饲喂设备成本的大幅下降，一些有志于推广液态饲喂的饲料企业在非常规原料供应和应用技术方面的探索也起到了很大的助推作用。

## 8. 液态饲喂应用前景如何？会大规模应用于养猪业吗？

液态饲喂虽然目前在我国的推广应用还是初步阶段，普及率还很低，但未来必将在养猪业领域得到广泛应用。

首先，液态饲喂设备生产技术日益完善，成本显著下降，自动化、智能化程度不断提高，硬件投入的猪只均摊成本和人工成本已经接近甚至低于常规饲喂。

其次，我国具有丰富的液态非常规饲料资源，而液态饲喂适应性广、灵活性强，可大量应用非常规原料，使饲料配方成本显著下降。而且由于环保压力，常规颗粒料的生产耗能高，污染大，生产成本越来越高。而液态饲喂的饲料加工主要是粉碎、混合，甚至很多原料无须粉碎，因此加工成本也显著降低。

此外，未来养猪业会朝着生产生态猪肉的方向发展，而液态饲喂便于使用湿态发酵产品，对于生产无抗生态猪肉具有天然优势。

最后，液态饲喂需要的配套服务技术也日趋完善。以河南爱猪人生物科技有限公司和河南隆港科技公司为代表的液态饲喂技术综合服务供应商，在液态饲喂配方技术、非常规原料评价技术、液态饲喂设备应用和服务、猪舍改造等方面已形成了完善的配套技术，将逐渐被广大养殖者所接受，并在养猪生产中占据越来越重要的地位，能为液态饲喂的使用保驾护航。

## 9. 液态饲喂未来的发展趋势怎么样？

随着液态饲料加工机械和饲喂设备的不断完善，液态饲料的质量稳定性和液态饲喂的自动化程度不断提高，液态饲喂的优势会越来越突出，将逐渐被广大养殖者所接受，具有广泛的应用前景，并以其独有的特性在养猪生产中占有越来越重要的地位。未来液态饲喂设备的研究应向更智能、更高效、更可靠、使用价值更高等方面发展，并使食品工业副产物在该系统下能合理饲喂应用于猪只各阶段。加强副产物处理和利用的自动化程度，使其能够便捷安全使用；和预消化技术、发酵技术相结合，通过酶、益生菌的作用提高养分消化率，减少抗生素的使用，实现无抗绿色养殖。

## 10. 液态饲喂适用于种养结合吗？

发展种养结合和家庭农场是实现农业可持续发展，维护生态环境平衡，建立生态农业的必由之路。

液态饲喂相比常规干料饲喂更加适合种养结合。因为液态饲喂对于饲料原料的选择很宽泛，从青绿作物、高水分谷物、饲草、蔬菜以及树叶等，到食品加工的工业副产物均可使用。液态饲喂将是养殖与种植相结合，实现种养一体的“循环经济”的最佳方式。

一方面作为青绿饲料的草、菜、桑叶、构树叶等生长速度快，周期短，消纳粪肥多；另一方面有机物质产量大，蛋白质、钙、磷等营养物质含量高，而且富含维生素、微量元素和未知生长因子等，可显著降低饲料成本。而且大量青绿饲料或青贮饲料的使用，可提高猪肉品质，是生产高品质生态猪肉的最佳模式。

## 11. 液态饲喂如何与生态养殖和优质放心猪肉生产有效结合？

目前无论是国内还是国外的养猪业都在关注两个问题，一是抗生素的替代问题，二是食品安全问题。基于对市场和肉品安全的考虑和要求，猪场特别是有自主猪肉品牌的养殖企业都在考虑降低或替代饲料中添加的抗生素。目前国内外实现饲料减抗或无抗的主要方法是添加酶制剂、精油等绿色环保添加剂，但存在着效果不稳定、成本过高的问题。饲喂液态发酵饲料是减抗替抗的有效方法。与固态饲料相比较，饲喂液态饲料不仅能够降低肠道损伤，还能够通过维护肠道健康及肠绒毛的完整性来提高猪的抗病力。

食品安全问题的出现使人们越来越担心肉食品中的人畜共患病菌，特别是通过食物链传播的沙门杆菌。据统计，在世界各国的细菌性食物中毒中，沙门杆菌引起的食物中毒常列榜首，我国内陆地区也以沙门杆菌为首位。有研究证实，饲料在饲喂前浸泡1 h，就可以使酸度达到不利于沙门杆菌生长的水平。

液态饲料发酵过程中产生的乳酸可抑制肠道沙门杆菌的繁殖。当饲料中的乳酸浓度达到70 mmol/L时就可抑制沙门杆菌的繁殖；当达到100 mmol/L以上时可杀灭这种细菌。另外，发酵饲料还可有效控制病原性埃希大肠杆菌（Beal等，2001）。荷兰的研究表明，饲喂液态发酵饲料特别是当饲喂发酵的乳清时可降低沙门杆菌亚临床感染（Tielen等，1997；Vander wolf等，1999）。

## 12. 自动化控制在未来液态饲喂中的应用前景如何？

在养猪生产过程中，饲料的供给和饲喂占总工作量的30%～

40%。一个年出栏万头的猪场，每天需要各种饲料约 10 000 kg。由于人工加料劳动强度较大，耗费劳动力多，且因洒落造成 3%～8%的饲料浪费，每年因浪费造成的经济损失高达 40 多万元。自动化控制液态饲喂堪称养猪方式的新革命，电脑控制系统可以实现定时自动饲喂，仅需手机 App 即可完成饲喂，降低饲养人员的劳动强度，很大程度地节约了人工成本。

由于我国劳动力相对便宜，所以到目前为止，饲料自动饲喂系统在我国工厂化猪场的应用还比较少。但随着经济的发展和饲养规模的不断扩大，对生产管理水平提出了更高的要求，同时，也因劳动力成本（包括工资、医疗、保险、住房等）不断上涨，使自动饲喂系统的投资成本在总投资中所占比例不断下降，而且该系统的应用可大大提高猪场的管理水平和生产水平。因此，饲料自动饲喂系统将逐步在我国工厂化猪场推广应用。

自动化控制在液态饲喂中更有用武之地。因为液态饲喂原料来源种类多，处理相对复杂，人工使用起来难度大，因此必须走自动化控制的路线。但是液态料自动化控制系统结构相对复杂，需要有较高的技术水平和管理水平，还有待于结合我国玉米-豆粕型饲粮、小麦-杂粕型饲粮、非常规饲粮等研究适宜的饲喂曲线，开发效能更佳的自动化控制操作软件，研发液态发酵饲料技术，以促进我国规模化养猪生产效率的大幅度提高。

## 13. 影响液态饲喂技术推广的障碍是什么？

影响液态饲喂技术推广的障碍可以分为两类：认知障碍和真正的障碍。认知障碍或表面障碍是人们对液态饲喂的误解，主要是由于养猪者对液态饲喂的认识不够造成的，如担心猪的肚子大，污水量增加等，这些都可以通过一定的了解和学习而解除。真正的推广障碍主要是固定资产一次性投入相对常规饲喂较高，相对干料线来说液态饲喂的成熟度和稳定性还有待考验，而且猪场的通风系统等需要升级改造，但这些都可以通过饲料成本降低和养殖综合成本的降低在使用液体饲喂的两年内得到弥补。

# 三、液态饲喂的特点及优势

## 14. 液态饲喂有哪些优势?

（1）优化原料加工处理，节省饲料加工成本。液态饲喂系统不需要对原料进行复杂的调质膨化等预处理，主要工艺是粉碎和混合，这些在猪场就可以进行，因此相当于把饲料加工设备搬到了养殖场，大大减少了饲料生产成本和运输成本。

液态饲喂系统既可作为混合系统又可作为输送传递系统，简化了饲料的搬运和处理过程，大大降低了劳动强度和劳动量。

液态饲喂系统的饲喂搅拌器以水为媒介，不仅节能，而且可以实现物料均匀搅拌，使各种原材料充分接触，具有较高的混合均匀度，可防止动物挑食。

（2）液态饲喂可以减少饲料养分损失，提高动物对养分的消化率。液态饲料要求更细的原料粉碎粒度，借助于水的媒介作用，可以大大增加饲料颗粒与消化酶的接触面积，使消化酶的渗透速度提高，从而使饲料在搅拌和输送过程中就得到一定程度的预消化，因此液态饲喂可以提高饲料的消化率。

在液态饲料中植酸酶的效价被放大 4 倍。常规饲粮中玉米磷的利用率为 15%，而液态饲粮高达 45%；在湿玉米或玉米浸液中添加植酸酶，超过 85%的植酸磷会被释放；因此，以湿玉米为基础的液态饲粮总磷含量在生长猪可降到0.47%，肥育猪可降到0.39%，生产性能不受影响；仔猪液态饲粮的总磷含量前期降到0.60%，后期降到0.54%时，生产性能正常。

此外，常规颗粒饲料加工过程调质、制粒等工艺会造成美拉德反应，降低氨基酸利用效率，饲料中维生素、酶制剂、微生态制剂等活性成分中养分损失大。例如，制粒使饲料中维生素受到破坏，其中维生素A最为严重，约损失13.55%。而液态饲喂饲料加工工艺相对简单温和，美拉德反应造成的损失小，酶制剂、维生素损失也少，这些也增加了饲料的消化利用率。

（3）饲料浪费减少。饲料浪费可能是直接的（掉在漏缝地板下、被猪践踏、变成粉尘后损失），也可能是间接的（营养素比例不合理等）。Geoffl（1997）研究表明，传统饲喂干料方式的饲料浪费率可达饲料总供应量的6%以上，个别甚至达到10%~20%。饲料浪费不仅增加饲养成本，也降低养猪的经济效益，且对环境也造成不同程度的污染。这种饲料的浪费与猪的拱地觅食行为有关，猪喜欢以突吻沿着食槽拱动，将食物拱到料槽以外的地面上，造成浪费。而且采食干料时通常是采食与饮水交替进行，直到满足为止，这样猪在采食过程中为饮水在料槽和饮水器之间来回争抢，而把黏在嘴上的饲料掉在地上造成浪费。而饲喂液态饲料可以将采食和饮水有效地结合起来，不仅能克服猪的不良采食性，而且可明显减少饲料浪费率。

对使用同一种日粮的3个猪场采用干颗粒料饲喂和液态饲料饲喂后进行对比发现，使用液态饲喂的猪场可明显节约饲料，如表1所示。

**表 1　采用干颗粒料饲喂和改用液态饲料饲喂后的饲料用量对比**

| 猪场 | 液态饲喂（t/年） | 干颗粒料饲喂（t/年） | 改用液态饲喂后节省的饲料（t/年） |
|---|---|---|---|
| 猪场 1 | 770 | 838 | 68 |
| 猪场 2 | 803 | 900 | 97 |
| 猪场 3 | 942 | 984 | 42 |

注：资料来源于 Gadd（2003），数据来自各个养猪场的采购发票，猪场规模为 5 000 头育肥猪/年。

（4）发病率降低，使动物更健康。液态饲料可显著降低呼吸道疾病发生率。有资料显示粉状饲料、颗粒饲料和液态饲料饲喂的圈舍粉尘含量分别为 14～79 mg/m$^3$、5～23 mg/m$^3$ 和 0.5～14 mg/m$^3$（资料来源：Cermak，1978）。Carpenter 报道，干料饲喂时猪舍的气源性污染是液态饲喂的 4 倍。Robertson 发现 45% 的猪场粉尘颗粒数量大于 10 mg/m$^3$（英国安全法规定的养猪粉碎和混合操作期间的暴露限值）。喂干料造成的粉尘浪费可高达 5%，不但降低饲料利用率，而且空气中的饲料粉尘会引起呼吸系统疾病。喂干料极易使饲料颗粒吸入气管引起“打呛”，肺炎等呼吸道疾病发生率增加。而液态饲喂是在密闭料罐中混合且为液体状态传输，能消除近 50%的有害粉尘。

对于断奶仔猪来说，液态饲喂可使腹泻发生率降低。腹泻是仔猪断奶后生长受阻和死亡率高的重要原因，断奶越早生长受阻越明显。日粮的物理形态可以显著地影响断奶仔猪肠道的健康和生理功能乃至生长性能，液态饲喂可以显著降低由于饲料改变引起的断奶应激。

（5）降低沙门杆菌感染率，提高食品安全。沙门杆菌可通过食物链传播，是肉食品安全问题中的关注焦点。在欧洲通过对饲料的高温处理来杀灭原料中的沙门杆菌，但这并不能有效地杀死沙门杆菌。1998 年 Wong 等发现饲喂颗粒饲料的猪群的沙门杆菌感染率为8.2%，饲喂粉状饲料的为4.2%，饲喂液态饲料的仅为1%。1999年Bush发现饲喂颗粒饲料的育肥猪比饲喂粉状饲料的育肥猪感染沙门杆菌的概率增加26倍。丹麦肉食品加工商分别对液态和干料饲喂猪肉进行了沙门杆菌检测，结果发现干料饲喂时肉品样本中沙门杆菌阳性率超过33%，风险比液态饲喂要高5倍（表2）。有两个假说可能解释这种现象，一是非病原性的沙门杆菌排斥病原性沙门杆菌，饲料中非病原性沙门杆菌的消除将使病原性沙门杆菌更有机会定植；二是制粒的热效应对饲粮中非淀粉多糖组分的改变使得沙门杆菌更容易在肠道内定植。

**表2 液态饲喂和干料饲喂猪群的沙门杆菌污染程度**

| 项目 | 液态饲喂（头） | 干料饲喂（头） |
| --- | --- | --- |
| 超过33%阳性 | 4（0.85%） | 92（4.03%） |
| 低于33%阳性 | 466 | 2 189 |
| 合计 | 470 | 2 281 |

（6）供料精准，自动化程度高，降低人工成本。电脑控制的液态饲喂系统比干料饲喂系统饲料分配更加精确。智能化饲喂成为现代化猪场工厂化生产的趋势。液态料是适应智能化饲喂的良好载体，二者结合既是传统饲喂的回归，也是新技术条件下的生产改进。在现场操作中，按生产需求将生产数据输入程序，经过预设定时运行程序，系统可按流程周期全程智能化运行。系统每天按计划任务定时启动，自动执行循环程序，无须人的参与，工作可以实现无人值守、无差错运行。液态料智能化饲喂系统的运用，将饲养员从简单重复的搅拌、投喂饲料中解放出来，也减少了饲料包装、运输工作，一个计算机操作员即能够轻松操纵全场的饲料投喂，并消除了常规饲喂过程中饲养员拌料、投喂不均匀现象。整体看来，液态料智能化饲喂系统能降低劳动强度，提高工作效率，节约人力资源。

(7) 原料使用范围广，取材方便，饲料成本低。液态饲喂能与食品加工业、饮食服务业和农业副产品相结合。近年来，以玉米、豆粕、大豆等为主的常规饲料原料的供需缺口越来越大，过度地依赖粮食作为饲料原料已很难满足畜牧业的发展需要。因此，如何合理利用我国丰富的非常规饲料资源来发展养猪业甚至是畜牧业显得尤其重要。

我国北方（黑龙江、新疆等）盛产甜菜，南方（广东、云南）盛产甘蔗，在制糖过程中会产生大量的废糖蜜，每年有230万~280万t。在中部地区则有大量的淀粉类可溶性碳水化合物、油脂和肉类加工下脚料。在沿海地区则有广泛的鱼类资源，在鱼类加工过程中，废弃的不可食部分，通过酶解可得到大量的与鱼粉营养价值相当的液态饲料。另外，我国氨基酸的产量居世界首位，其副产物产量越来越大。

以上这些资源都是液态饲料的良好原料，它们为我国液态饲料的进一步开发提供了条件。液态饲喂可以将谷物加工副产物类(米糠、次粉、木薯、麸等)、块根茎与瓜类（甘薯、南瓜等）和液态能量饲料（糖蜜、油脂、乳清等）合理地利用起来，降低饲养成本。现代食品和乳品工业的副产物多为液态，直接排放会污染环境，如果进行干燥将大大增加费用，在这种情况下，食品企业液态副产品可以低价供给养猪企业，这样就使食品企业的副产物淀粉汤、鸡肠、豆腐渣、淀粉渣、糕点废料等有了用武之地。除此之外，一些被废弃的绿色植物（饲草、蔬菜茎、桑叶）和水果（苹果）也变成了鲜嫩多汁的青绿饲料，变“废”为“宝”。因此液态饲喂能将食品加工业、饮食服务业和农业副产品相结合，降低饲料成本。

(8) 改善生产环境，有益环保。饲喂液态饲料不仅降低了饲养成本，而且解决了食品工业副产物的出路问题，因此可减缓食品工业的环境污染问题。饲喂液态饲料时，采食量的增加不代表粪污的增加和环境污染的加剧。液态饲料消化率的提高减少了氨和其他一些产生臭味的代谢物的排泄，并能减小粪水的黏性，促进臭味物质或其前体物质的降解，向环境排放的氮、磷减少。由于饲喂过程中粉尘减少，使猪舍环境得到改善，从而增进了猪场工人和猪只的健康。

## 15. 液态饲喂有地域限制吗？

液态饲喂没有地域限制，全国范围内均可进行。无论南方、中原、北方均可采用，无论大棚、圈养、楼房都适合安装。在地源性非常规饲料原料丰富的地区，液态饲喂的应用更具有优势。

猪是恒温动物，适宜的环境温度是保证猪的正常生长发育、产肉、繁殖的前提条件。环境温度不仅影响猪的生产性能和健康状况，而且会影响其行为和福利，生产环境应激综合征会影响猪产品的质量。尤其是在哺乳和保育阶段，仔猪的体温调节系统尚未发育完全，对环境温度的要求更高。由于我国南北气候差异大，具有明显的季风气候特点，特别是北方地区冬季寒冷，气温昼夜变化大，因此，北方地区应重视猪舍加温。液态饲喂的猪舍温度相对增加，应特别注意通风。当温度适宜时，猪对湿度的适应力很强，当相对湿度从45%升到70%或95%时，对猪的采食量和增重速度影响不大。但是在低温高湿情况下，可使生长育肥猪日增重减少36%，每千克增重耗料增加10%；在高温高湿时，猪的增重更慢，还可能大大提高猪的死亡率。因此猪舍内相对湿度以50%~70%为宜。

液态饲喂过程中猪舍小气候控制是生产中十分重要的工程技术，温度和湿度的控制在南、北方存在一定的差异，应特别注意。

## 16. 液态饲喂对猪的品种和生长阶段有要求吗?

液态饲喂对猪的品种没有要求，适合于任何引进品种或地方品种，不同生长阶段的种猪、商品猪均可使用。但是不同阶段对液态饲喂的要求不同，如营养需求、环境工艺参数、液态饲喂设备等，详细内容可参阅《爱猪人液态饲喂手册》。

## 17. 液态饲喂适用于哪些养殖动物?

（1）液态饲料在单胃动物中的应用：单胃动物中目前应用液态饲喂最广的是猪。猪是杂食动物，对采食液态饲料有偏好，传统的养猪方式一直是类似于液态饲喂。

家禽由于其特殊的生理结构，不适合采用料水比较大的管道式液态饲喂，鸭的填鸭式饲喂中可采用湿拌料。但在饮水中广泛使用液态饲料添加剂，如液态酸化剂、液态氨基酸、液态酶制剂、液态微生态制剂等，具有良好效果。有资料显示液态饲料添加剂使肉鸡在 56 日龄体重达到 2.25 kg，料肉比达 2.2，成活率达 96.8%，与固态饲料添加剂相比，少耗料 9.2%；鸡群体重变异系数下降了 40.5%，表现为鸡群生长发育一致，整体状况良好。

（2）液态饲料在反刍动物中的应用：成年反刍动物由于日粮中有大量粗饲料，不易粉碎过细，因此不适合进行管线式液态饲喂。但精料部分可以补充部分的液态饲料。

液态补充饲料饲喂育肥肉牛的生产性能比固态饲料提高 5%~8%，但其干物质采食量则下降。在肉牛全混合日粮中添加液态饲料，可显著提高肉牛的生长速度，且与添加同等日粮水平的精料相比显著节省饲养成本。Markham. C. E 等（2001）选用 3 岁左右（体重、出生胎次、品种、谱系相近）的 40 头肉牛，进行液态补充饲料饲喂试验，测定冬日放牧条件下的肉牛生长表现及屠宰胴体体重。结果表明，饲喂液态补充饲料组肉牛生长表现良好，增重迅速，即使在后期，其日增重也显著高于对照组（$P=0.03$），而其胴体品质无明显差异。

液态饲料在奶牛生产中的应用，郭建同等（2002）研究表明，用料水比为1∶(5~6）的液态饲料喂奶牛，可显著提高其产奶量。此外，孙荣鑫等（2003）用液态饲料替代奶牛日粮的一部分后，可有效增加其产奶量，并延缓泌乳曲线的下降。李朕杰等（2005）研究发现，奶牛饲喂液态补充饲料后其日产奶量相比补给固态精料的可提高4 kg左右。因此，一定量的液态饲料可提高奶牛产奶量。

犊牛由于瘤胃未发育完善，其消化系统类似于猪，因此也适合进行液态饲喂。如犊牛代乳品通常采用液态饲喂模式。作为液态饲料之一的代乳品具有犊牛生长发育所需的活性成分与营养物质。Heinrichs报道，采用营养全面、易于消化吸收的代乳品可以促进后备犊牛的瘤胃和肠道等消化器官的发育，为后期的高产奠定基础。适宜的代乳品饲喂水平能够促进犊牛的生长，提高饲料的转化效率。

（3）液态饲料在特种经济动物中的应用：特种经济动物狐狸和貉等皮毛动物的饲料中含有肉食，需要熟化后饲喂。在实际饲喂过程中很多养殖户都是将饲料加水熟化为糊状或粥状进行饲喂。

## 18. 养猪全程都可以使用液态饲喂吗？哪个阶段使用最有价值？

在猪只的各个生长阶段均可使用液态饲喂。对猪只的不同阶段价值体现不一样。

对于仔猪来说，断奶仔猪的消化系统还未充分发育，受断奶应激的影响，难以消化和吸收以谷物籽实和植物蛋白质为基础的典型断奶日粮，因此液态预消化饲料成为饲喂断奶仔猪的最佳选择。饲喂液态预消化饲料可以提高仔猪采食量，减缓断奶应激，充分发挥仔猪的生长潜力，促进肠道发育，增强仔猪的肠道健康和生理功能，为以后育肥期的快速生长奠定坚实的基础。

对于育肥猪来说，液态饲喂的饲料原料来源广泛，可以根据周边市场选择廉价的饲料原料，这成为降低育肥猪饲料成本的重要途径。

就母猪而言，液态饲喂可基本消除妊娠母猪的便秘，降低毒素在体内的沉积量，增强母体健康程度，并使母猪更容易保持安静的状态，减少应激。液态饲喂哺乳母猪可以使母猪的采食量大大提高，使仔猪达到理想断奶体重的同时保持原有膘情，为下一次发情配种打下良好的基础，延长母猪的使用年限。

## 19. 液态饲喂在断奶仔猪上的应用有哪些优势？

断奶仔猪饲养一直是养猪业的难题。断奶后由于各种应激因素（包括饲料、环境、心理的改变）导致仔猪的消化生理功能和免疫功能下降，微生物区系紊乱等重大变化，致使仔猪断奶后容易出现腹泻、生长停滞等早期断奶综合征。

食物由液态母乳向干粉饲料的突然转变是最大的应激因素，这种转变使仔猪的采食量和消化率下降，进而导致一系列消化生理、免疫功能和微生物区系的变化。由于液态饲料适口性好、混合均匀度高、仔猪采食速度快、易消化吸收、可增强仔猪的肠道健康和生理功能，因此可提高仔猪的采食量，改善仔猪生长性能，减少死亡率。

（1）对断奶仔猪日采食量的影响：刚断奶仔猪一般仅采食

少量饲料和水，饲喂液态饲料可显著提高断奶仔猪的采食量。研究表明，仔猪断奶后突然采食固体颗粒饲料将产生应激反应。而液态饲料拥有水分和养分，方便仔猪采食的同时，又有利于仔猪胃肠道的发育，增加消化道容积。在断奶前 14~24 日龄，饲喂料水比为 2∶1 的液态饲料，可提高采食量 63%，断奶后 35 d 日采食量提高 18%。

（2）对断奶仔猪日增重的影响：饲喂干饲料会使刚断奶仔猪的小肠绒毛萎缩、隐窝变深，营养物质的消化吸收也会受到影响，进而造成腹泻等疾病。消化道结构和功能会因饲料形态突然转变而产生不利影响，饲喂液态饲料可减小这种影响，提高断奶仔猪的生长速度。Jensen 和 Mikkelsen 通过液态饲料和干饲料对比试验发现，液态料组日增重比干料组提高 12.3%。李朕杰等人分别对 14~21 日龄、21~28 日龄两个阶段的日增重进行分析，结果发现，仔猪的日增重与仔猪的体重变化趋势大致相似，液态饲喂的仔猪平均日增重与湿拌粉状饲料组相比分别提高 72.6%和 48.7%，差异极显著；在 14~28 日龄的整个饲养试验中，液态组平均日增重比潮湿粉料组提高 59.2%，差异极显著（$P<0.01$）。Kim. J. H 也得出类似的结论：液态饲料使超早期断奶仔猪在 14~21 日龄日增重比干态饲喂提高了 21%（$P<0.01$），增重/耗料比值提高 22%。在断奶前 14~24 日龄，饲喂料水比为 2∶1 的液态饲料可使断奶后第 1 周日增重提高 180%，断奶后 35 d 日增重提高 16.5%。

（3）对断奶仔猪消化生理的影响：同样营养水平的液态饲喂与干态饲喂对早期断奶仔猪消化道绒毛高度和隐窝深度有显著影响，干态使隐窝加深，肠绒毛萎缩，而液态则无此现象。饲喂液态饲料使十二指肠内容物中总蛋白酶活力、淀粉酶活力、脂肪酶活力分别提高了 31.7%、44.7%、91.9%，并且液态饲料还使饲料中的外源酶在体外时就有部分被活化，充分发挥添加酶的作用。有研究表明，液态饲喂能使仔猪饲料总能表观消化率提高3.9%，粗蛋白质的表观消化率提高6.1%。在自然或人为条件下，酵母菌和乳酸菌由于液态饲料发酵而增多，降低了饲料的pH值，提高了醋酸和乳酸浓度，从而避免了仔猪早期断奶后因胃酸分泌不足而导致的消化不良。

此外，液态饲料不仅可以显著增加超早期断奶仔猪氮的沉积和蛋白质的利用率，还可以极显著提高仔猪血清IgG含量，有助于仔猪超早期断奶后免疫机制的建立和完善，减少仔猪腹泻等疾病。

## 20. 夏季母猪液态饲喂的优势有哪些?

夏季哺乳母猪的采食量下降是影响母猪生产性能的重要因素。由于高瘦肉率遗传的选择，使母本的体脂贮备下降。在当前集约化、工厂化饲养条件下，母猪作为繁殖机器高速运转，如果再伴随着高温，致使哺乳母猪的采食量难以满足产奶的营养需要，会出现母猪产奶量下降、体况变差、再发情时间延长等情况，进而使母猪淘汰率上升。

液态饲喂可以显著提高哺乳母猪的干物质采食量和消化率，从而显著改善生产性能。有研究表明，与干料相比液态饲喂每天可增加干物质采食量1 kg。

液态饲料便于添加湿发酵饲料，母猪采食后可使体内病原菌的数量减少，进而减少病原菌通过粪便的排放量，从而降低了哺乳仔猪被感染的危险。

对于妊娠母猪来说，液态饲喂可以使母猪保持安静的状态，降低饥饿应激和刻板反应；维持胃有较大的容积，使产仔后采食量迅速提高成为可能。

英国伯顿主教学院的学生几年前利用生长猪进行了一些有趣

的试验，结果如表 3 所示。

表 3　液态饲喂或干料饲喂对 20~50 kg 生长猪各种活动时间比例的影响

| 项目 | 液态饲喂（%） | 干料饲喂（%） |
|---|---|---|
| 睡觉/打盹 | 53 | 45 |
| 采食/饮水 | 7 | 12 |
| 社会活动 | 35 | 32 |
| 打斗/玩耍 | 5 | 11 |

注：资料来源于《现代养猪生产技术——告诉你猪场盈利的秘诀》。

不同饲喂系统对母猪采食后行为的影响不同，如图 1 所示。

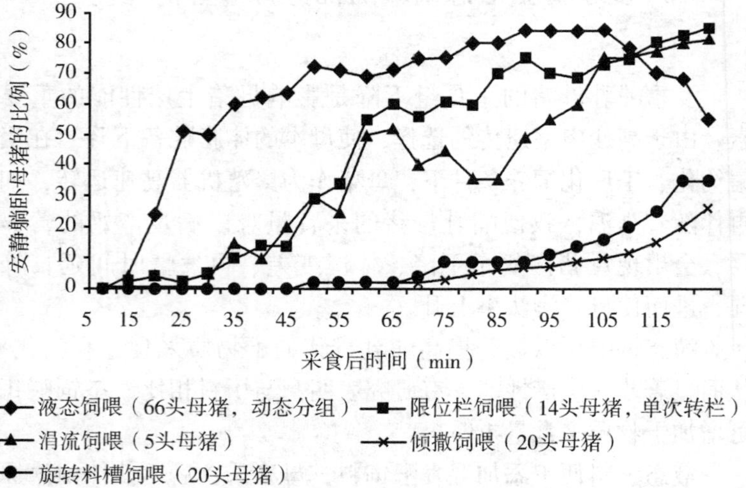


图 1　不同饲喂系统对母猪采食后行为的影响

Cambac 研究中心通过研究群养母猪，用最简洁的方式描绘出了这一现象，液态饲喂的母猪安静躺卧的速度更快。应激是目前所有猪场中一个主要的隐蔽性问题。猪（20~50 kg）瞌睡或睡眠时间：液态饲喂 53%，干料饲喂 45%，液态饲喂后，群体中

70%的母猪在45 min内躺下，而干料饲喂的母猪则需要80 min才能达到这一水平，而且液态饲喂的猪在采食时可获得更高的满足感，甚至咬尾的现象也消失了。

## 21. 液态饲喂在育肥猪上的应用有哪些优势？

在猪的育肥阶段，液态饲喂的优势是在饲料配方中可以大量采用廉价的液态非常规原料，如液态氨基酸、酶和食品工业副产物（啤酒副产物、马铃薯加工副产物），这一方面减少了饲料配方的成本，另一方面降低了食品工业副产物造成的环境污染。就饲喂效果而言，液态饲喂提高了采食量和日增重，改善了饲料效率和猪的健康程度。

此外，液态饲喂改善了猪的肉品质，提高了商品价值。

## 22. 液态饲喂采食量怎么样？干物质采食量够吗？

一般来说液态饲喂可提高猪只干物质采食量10%～20%。包括仔猪、育肥猪和母猪阶段。其中的关键问题是湿料中干物质的浓度。干物质采食量与饲料的料水比有关，根据经验，每1份干饲料应配3份水，或者干物质浓度为25%。有研究表明，虽然强烈推荐断奶后第一周的仔猪使用干物质为25%的湿料，以确保足够的养分吸收，但是，即使干物质浓度为15%，猪也可以有效地利用湿料而不会有任何性能损失，但与饲喂次数有关系。一般只要料水比不是特别高，干物质采食量均可满足。

## 23. 液态饲喂针对不同阶段猪的饲喂次数是多少？可以自由采食吗？

液态饲喂对于不同阶段猪每日饲喂次数不同。断奶及保育仔猪饲喂次数一般以 4~6 次为宜，育肥猪一般以 3~4 次为宜，定位舍的猪一般以 2 次为宜，哺乳母猪 4 次以上为宜。

液态饲喂猪只以定时定量饲喂为主，不宜自由采食。尤其是夏季，料槽内剩余的饲料在温度较高且静止的条件下很容易发生酸败变质。猪只采食变质的饲料会影响健康，因此应适当控制每次的饲喂量，饲喂量以饲喂后 1 h 内采食干净为宜。由于自由饲喂可能增加肌肉嫩度，越来越多的人选择让猪自由采食，但有证据表明相对于干料而言，某些品种育肥猪有过食液态饲料的倾向，因此液态饲喂不宜自由采食以防止猪只过肥。

## 24. 液态饲喂的猪会出现大肚子吗？会影响销售吗？

生长育肥猪出现大肚子的现象主要是由于饲料干物质采食量或可消化营养物质含量过低造成的。正确的液态饲喂并不会使猪出现大肚现象。正常情况下，液态饲喂设定合适的料水比就可使猪的干物质采食量满足猪快速生长的需求，更容易出现饱腹感，并不会出现大肚现象。液态饲喂使饲料的消化吸收率提高，生长速度加快，提前出栏。

液态饲喂的猪只要在出栏前不刻意饲喂，就不会出现出肉率下降的问题，若出栏前做到空腹 6~8 h，出肉率比常规干料饲喂的猪增加 2%~3%，因此不会影响生猪销售。

## 25. 应用液态饲喂猪内脏器官会有哪些变化？

河南爱猪人生物科技股份有限公司对液态饲喂猪与干料饲喂猪内脏器官的变化进行研究，发现液态饲喂猪与干料饲喂猪在消化器官的容积与重量指数上有明显的变化。液态饲喂猪的消化器官如胃、小肠和大肠的重量指数（指消化器官重量/体重百分比）都高于干料饲喂的，其大肠和小肠的长度也都超过常规饲喂的猪。其中液态饲喂猪的胃重指数相比常规饲喂猪高 0. 22%（常规饲喂胃重占体重比为 0. 73%）。

液态饲喂的猪只采食量大大增加，因此造成消化道结构的变化。不同的料水比例对仔猪断奶后消化道结构的影响：随着饲料中水分含量增加，小肠和回肠的长度增长，同时也增加了胃、小肠和回肠的重量（表 4）。另外，饲喂液态饲料能够增加断奶仔猪肠道表面积，显著增加小肠绒毛表面积和绒毛增殖因子（$P<0.05$）（表 5）。

此外，液态饲喂可以做到无抗饲养，内脏无抗生素残留，品质更好，更安全。

**表 4　液态饲喂对猪只内脏重复的影响**

| 项目 | 对照组 | 100%液体饲喂 | SEM | *P*-value |
|---|---|---|---|---|
| 心脏（kg） | 0. 380 | 0. 370 | 0. 022 | 0. 75 |
| 肾脏（kg） | 0. 359 | 0. 371 | 0. 021 | 0. 68 |
| 肝脏（kg） | 1. 420 | 1. 470 | 0. 050 | 0. 45 |
| 脾脏（kg） | 0. 176 | 0. 350 | 0. 136 | 0. 39 |
| 肺（kg） | 0. 878 | 0. 834 | 0. 146 | 0. 38 |
| 食管（g） | 0. 092 | 0. 080 | 0. 020 | 0. 56 |
| 胃（kg） | 0. 477 | 0. 493 | 0. 017 | 0. 53 |

续表

| 项目 | 对照组 | 100%液体饲喂 | SEM | P-value |
|---|---|---|---|---|
| 小肠（kg） | 1.034 | 1.148 | 0.056 | 0.084 |
| 大肠（kg） | 1.076 | 1.093 | 0.045 | 0.79 |
| 空肠（kg） | 3.807 | 3.936 | 0.147 | 0.51 |
| 心脏（占活重百分比%） | 0.360 | 0.381 | 0.020 | 0.45 |
| 肾脏（占活重百分比%） | 0.340 | 0.382 | 0.030 | 0.22 |
| 肝脏（占活重百分比%） | 1.342 | 1.512 | 0.051 | 0.066 |
| 脾脏（占活重百分比%） | 0.166 | 0.364 | 0.144 | 0.37 |
| 肺（占活重百分比%） | 0.820 | 0.840 | 0.078 | 0.79 |
| 食管（占活重百分比%） | 0.086 | 0.081 | 0.016 | 0.80 |
| 胃（占活重百分比%） | 0.452 | 0.507 | 0.019 | 0.054 |
| 小肠（占活重百分比%） | 0.976 | 1.179 | 0.052 | <0.05 |
| 大肠（占活重百分比%） | 1.013 | 1.116 | 0.048 | 0.075 |
| 空肠（占活重百分比%） | 3.586 | 4.016 | 0.140 | <0.05 |

表5　饲粮处理对断奶后40 d仔猪肠道表面积的影响

| 项目 | 液体料 | 干粉料 | 差异 | P |
|---|---|---|---|---|
| 基本表面积/$m^2$ | 0.64 | 0.63 | | n.S |
| 绒毛表面积/$m^2$ | 2.85 | 2.21 | +29% | * * |
| 绒毛增值因子 | 4.46 | 3.50 | +27% | * * * |
| 总表面积/$m^2$ | 54.90 | 33.70 | +63% | * * * |
| 每千克肠的表面积/$m^2$ | 4.32 | 2.79 | +55% | * * * |

## 26. 液态饲喂会影响肉品质吗？出肉率怎么样？

为了探究液态饲喂对猪肉品质的影响，河南爱猪人生物科技股份有限公司对液态饲喂肉猪的屠宰率进行了测定，结果发现液态饲喂猪的屠宰性能优于干料饲喂猪。一般干料饲喂猪的屠宰率为72%~75%，而液态饲喂猪的屠宰率可以达到75%~79%。

分割好的猪肉在放置过程中无水分渗出，猪肉肉色保持鲜红，不褪色，切面无汁液渗出，肉质良好，富有弹性，肌肉大理石花纹明显（彩图1）。分析其原因可能是液态饲喂提高了猪只对于能量的利用效率，使脂肪在肌肉间沉积增加；液态饲喂减少了应激，其中的发酵原料可提高肉的抗氧化特性，从而使肉品质大大提升。

## 27. 液态饲喂会增加用水量吗？会增加污水量吗？

液态饲喂并不会增加用水量。液态饲喂猪的饮水量会大于采食干料时的饮水量，但液态饲喂主要是通过料槽饮水，相对于用饮水器来说，浪费的水很少，因此总的用水量不会增加。

液态饲喂和干料饲喂对粪污体积的影响见表6。

**表6　液态饲喂和干料饲喂对粪污体积的影响（9月到翌年5月）**

| 项目 | 妊娠母猪舍1 | | 妊娠母猪舍2 | |
|---|---|---|---|---|
| | 液态饲喂 | 干料饲喂 | 液态饲喂 | 干料饲喂 |
| 每头母猪每周的粪污量（L） | 126 | 148 | 117 | 115 |
| 粪污罐车装载数（次/群） | 4 | 5 | 2 | 2 |

注：资料来源于Gadd（未发表资料）。

## 28. 液态饲喂符合环保要求吗？

液态饲喂相比干料饲喂更符合环保要求。首先通过液态饲喂，饲料的消化吸收率会大幅提高，同时减少了氮、磷和其他一些产生臭味的营养物质的排泄，并能减小粪水的黏性，促进臭味物质或其先体物质的降解；其次，饲喂发酵液态饲料可以减少抗生素的添加量，从而减少其对环境的污染和在畜体中的残留；最后，液态饲喂还可利用大量农副产品，这也有益于保护环境。

## 29. 液态饲喂会增加人工吗？

液态饲喂操作简便，省时省工，大大提高了工作效率，而智能化液态饲喂系统的运用，使饲养员从简单重复的搅拌、投喂饲料中解放出来，也减少了饲料包装、运输程序，一个计算机操作员即能轻松操纵全场的饲料投喂，并消除了常规饲喂过程中饲养员拌料、投喂不均匀的现象。例如准备并饲喂5 000头猪的日粮每周花费的工时，干料饲喂为20~30 h，液态饲喂为5~6 h。在荷兰，使用智能化饲喂系统，规模为100~750头母猪的猪场仅需雇员1~3人。

现代社会中，由于生活水平的提高，养殖场很难招募并且留下优秀员工，一方面饲料搬运始终是一项繁重的劳动，另一方面为了防止疾病传入，保障猪群健康，现阶段的猪场对员工均采用不同程度的封闭管理，这就使得员工流失率大增。采用液态饲喂因减少了大量体力劳动，可以将育肥猪场的劳动负荷减少到原来的1/10~1/4，因而更容易招募到年轻的优秀员工，员工的稳定性也更强。国外的数据表明，采用干料饲喂和液态饲喂的员工流失率分别为42%和10%。和干料饲喂相比，液态饲喂在解决用工难题的同时，也使养殖场的人工成本大大降低。

## 30. 液态饲喂会增加饲料成本吗？

液态饲喂不会增加饲料成本，相反由于液态饲料能与食品加工业和农业副产品相结合，可大幅降低饲料成本。液态饲喂可以将谷物加工副产物类（米糠、次粉、木薯等）、块根茎与瓜类（甘薯、南瓜等）和液态能量饲料（糖蜜、油脂、乳清等）合理地利用起来，降低饲养成本。现代食品和乳品工业的副产物多为液态，直接排放会污染环境，如果进行干燥将大大增加费用。在这种情况下，食品企业液态副产品可以低价供给养猪企业。由于大量副产品的使用，饲料成本和猪肉生产成本会降低。爱猪人的统计资料表明，使用副产品的液态饲料每千克干物质饲料成本可以降低 0.22 元（表 7），随着谷物价格的上涨，这种差别还会增大。

**表 7　液态饲料和常规饲料配合成本对比（以风干样计）**

| 饲料类型 | 原料组成（元/500 g） | | | | | 配合成本 |
|---|---|---|---|---|---|---|
| | 淀粉浆 | 玉米 | 豆粕 | 麸皮 | 精料 | （元/500 g） |
| 爱猪人液态饲料 | 35 | 52 | 5 | – | 8 | 0.948 |
| 某公司常规饲料 | – | 64 | 24 | 8 | 4 | 1.058 |

注：原料价格按照淀粉浆 0.2 元/500 g、玉米 0.85 元/500 g、豆粕 1.525 元/500 g、麸皮 0.85 元/500 g、爱猪人液态精料 4.5 元/500 g、市场常规精料 2 元/500 g；行情随行就市，合成全价料成本会有波动。根据实际原料的情况，料水比可适当调整。

# 四、液态饲喂日粮配制及应用技术

## 31. 如何利用液态饲喂技术进行精准饲养?

(1) 测定猪不同阶段的营养需要量：查相关饲养标准确定其营养需要量，液态饲喂系统可根据猪只具体情况，按营养需要分别对生长猪、空怀猪、妊娠母猪及哺乳母猪等不同阶段的猪科学设置饲喂曲线，如生长猪，按照日龄或饲喂天数与饲喂量一一对应，达到科学饲喂的目的。以哺乳母猪为例，一般情况下，产前需要适当减料，产后视情况逐渐增加饲喂量。如以母猪上产床时间为起点设置饲喂曲线，以产仔时间和断奶时间作为节点，分别设置节点需要的饲喂量，系统则根据节点饲喂量，在两节点的饲喂日之间，以等差形式插入递减或递增数列，以达到在整个阶段按需饲喂。当然，在产仔日和断奶日之间可根据具体情况设置多个节点，且可根据猪只情况分别设置。生长猪、空怀母猪和妊娠母猪的饲喂量亦同理设置。

(2) 精准合理设计营养方案：液态饲喂可利用自身技术优势，根据猪肉品质需求制订合适的营养方案，或者根据市场行情制订最佳的营养方案，在电脑的控制下，各种原料在混合罐里按正确的比例混合、搅拌，再通过管道、喂料泵将液态料输送到各栋猪舍内，自动阀门按设定的量下放到猪栏的喂料槽里。配套的电子秤系统可根据不同的饲喂对象和不同的生长阶段，精确调配合适的饲料。清洗系统在饲喂之后自动将管道和阀门清洗干净。

（3）原料数据库的精确：液态饲喂技术可以利用常规饲料不能利用的高水分非常规饲料原料（如牛奶、淀粉汤、玉米浆、豆腐渣等），要精确做到对非常规饲料原料的评估与应用。

（4）日粮营养浓度与猪群自身需要量匹配：在实际生产中，影响猪的生产或者是生产性能的因素有很多种，如品种、性别、疾病、环境、喂料器、饲料品质等，液态饲喂可以结合实际生产综合考虑，可以有效做到针对不同营养方案对应不同生产水平的猪群，更易于控制。

## 32. 液态饲喂饲料配方的设计原则是什么？

液态饲喂饲料配方的设计基本原则和常规饲料的设计原则一致。

（1）科学性和先进性：配方设计人员应全面了解目标动物的遗传特性和生理特点及其营养需求；应对所选择原料的物理性状、养分含量、含水量、水中悬浮性及消化率、生物学价值有深刻的了解。

（2）经济性和市场性：及时掌握市场需求，设计产品要有比较明确的市场定位。

（3）可操作性：配方师在原料的选用种类、质量稳定程度、价格及数量上都应与养殖场及饲料企业条件相配套。产品的种类与阶段划分应符合养殖业的生产要求，还应考虑加工工艺的可行性。

（4）安全性与合法性：随着科学的进步和社会的发展，饲料生物安全和环境生态保护将逐步作为强制性措施实行。饲料配方应根据这些要求做出调整，如禁用一些违禁药物以降低动物氮、磷的排泄等。

(5) 逐级预混合原则：为了提高微量养分在饲料中的均匀度，原则上讲，凡是在成品中用量少于1%的原料，首先要进行预混合处理。如饲料中的硒，就必须先预混，混合不均匀就可能造成动物生产性能不良，整齐度差，饲料转化率低，甚至造成动物中毒死亡。

## 33. 液态饲喂日粮配方的设计方法是什么？

(1) 确定饲料产品设计的目标：饲料产品的目标有多重性，包括最高的产品利润、最佳的动物生产性能、最佳的猪肉品质、最佳的生态效益等，要根据猪场的实际情况来确定目标。

(2) 确定饲养标准的水平：根据不同的目标定位，选择不同的饲养标准，并根据实际情况调整某些营养指标的水平。

(3) 确定干物质饲喂量和料水比：猪采食量的估算按猪的体重计算公式，饲喂量=实际体重×系数（小猪系数为 0.05，中猪系数为 0.04，大猪系数为 0.03）。根据干物质采食量和生长阶段确定合适的料水比。

(4) 选择饲料原料：饲料原料的选择必须同时考虑饲料原料的营养特性和适口性、动物的消化生理、饲料原料的价格、饲料原料的来源和供应量、饲料原料的营养成分等多方面的因素。

(5) 选择适合液态饲喂的饲料添加剂：首先，要选择质量好、有生产资质的厂家；其次，液态饲喂和常规饲料的添加剂目录是一样的，要遵守《饲料添加剂安全适用规范》（农业部公告第 2625 号文件）；最后，一些特殊的容易被破坏的微量营养素需要一定的工艺处理，如包被处理、固体镶嵌等。

(6) 计算饲料配方：可以人工计算或借助专门的计算机软

件计算饲料配方，在计算过程中必须根据饲料原料的营养特性、有毒有害成分含量及物理特性，决定是否限制用量以及确定限制的比例。

（7）评价饲料配方的质量：通过有经验配方设计人员的分析，进行成分检测以及小规模动物实验可以评估所设计的配方是否符合原来的预期值以及产品质量，根据质量评价结果确定是否再进一步调整饲料配方，使所设计的饲料配方最终满足预定的目标。

## 34. 常用的饲料包括哪些种类？

根据美国学者 Harris（1963）的分类方法，依据饲料的营养特性，将饲料分为八大类。非常规饲料原料也同样符合国际饲料分类法。八大类饲料的编码形式及划分依据如下：

（1）粗饲料（1-00-000）：指干物质中粗纤维的含量在18%以上的一类饲料，主要包括干草类、秸秆类、农副产品类以及干物质中粗纤维含量在 18% 以上的糟渣类、树叶类等。如桑叶、构树。

（2）青绿饲料（2-00-000）：指自然水分含量在 60% 以上的一类饲料，包括牧草类、叶菜类、非淀粉质的根茎瓜果类、水草类等。不考虑折干后粗蛋白质及粗纤维含量。

（3）青贮饲料（3-00-000）：用新鲜的天然植物性饲料制成的青贮及加有适量糠麸类或其他添加物的青贮饲料，包括水分含量在 45%~55%的半干青贮饲料。

（4）能量饲料（4-00-000）：指干物质中粗纤维的含量在18%以下，粗蛋白质的含量在 20%以下的一类饲料，主要包括谷实类、糠麸类、淀粉质的根茎瓜果类、油脂、草籽等。

（5）蛋白质饲料（5-00-000）：指干物质中粗纤维含量在

18%以下，粗蛋白质含量在20%以上的一类饲料，主要包括植物性蛋白质饲料、动物性蛋白质饲料、单细胞蛋白质饲料等。

（6）矿物质饲料（6-00-000）：包括工业合成的或天然的单一矿物质饲料，多种矿物质混合的矿物质饲料，以及加有载体或稀释剂的矿物质添加剂预混料。

（7）维生素饲料（7-00-000）：指人工合成或提纯的单一维生素或复合维生素，但不包括某项维生素含量较多的天然饲料。

（8）添加剂（8-00-000）：指各种用于强化饲养效果，有利于配合饲料生产和贮存的非营养性添加剂原料及其配制产品。如各种抗生素、抗氧化剂、防霉剂、黏结剂、着色剂、增味剂以及保健与代谢调节药物等。

## 35. 当前的非常规饲料原料主要有哪些？

非常规饲料原料是一个相对的概念，是指在常规配方中较少使用，大家对其营养特性和饲用价值了解较少的那些饲料原料，是区别于传统日粮习惯使用的一类饲料原料。非常规饲料原来为解决畜牧业发展与环境污染的矛盾做出了突出贡献，是非常有开发前途和利用价值的“新型饲料”。

目前有开发利用价值的非常规饲料原料（彩图2）及区域分布见表8~10。

表8　河南省非常规饲料原料（营养成分以风干基础计）

| 非常规饲料原料 | 描述 | 粗蛋白质（%） | 消化能参考值（Mcal/kg） |
|---|---|---|---|
| 食品渣 | 饼干渣、面包渣、方便面下脚料，保育阶段30%、育肥阶段10% | 13 | 3.5 |

续表

| 非常规饲料原料 | 描述 | 粗蛋白质（%） | 消化能参考值（Mcal/kg） |
| --- | --- | --- | --- |
| 辣椒粕 | 提取辣椒精后的剩余物，育肥阶段用至5%~10% | 14 | 2.76 |
| 鸡肠 | 新鲜或冷冻鸡肠，干物质含量30%，添加量为10%~15% | 52 | 2.67 |
| 淀粉汤 | 小麦淀粉下脚料，干物质含量6%~21%，最大添加量可至50% | 5~9 | 3.15 |
| 玉米浆 | 玉米淀粉下脚料，干物质含量60%，添加量为10% | 47 | — |
| 豆腐渣 | 豆腐下脚料，干物质含量15%，添加量为5%~9% | 22~25 | 2.67 |
| 牛奶 | 临期牛奶，干物质含量为15%，应用于保育阶段仔猪 | 25 | 0.72 |
| 桑叶 | 桑叶加工调制方式有三种，鲜喂、发酵、制成桑叶粉，其中发酵的应用在育肥猪阶段添加量为5%，妊娠母猪及哺乳母猪阶段添加量为20%和10% | 18 | — |
| 构树叶 | 新鲜构树叶水分含量为77.72%，维生素C含量为3.63 mg/100 g。加工调制方式有三种，与常用的饲料原料营养成分比较，其粗蛋白质含量是玉米的3倍、小麦的2倍，仅次于大豆；粗脂肪含量相当于玉米，是大米、小麦的2倍，仅次于大豆；无氮浸出物含量高于大豆，仅次于大米、玉米、小麦，构树叶是介于玉米与大豆之间的上等畜禽饲料 | 24 | — |

注：卡为非法定计量单位，1 Mcal=4.184 MJ。

表9　山东省非常规饲料原料

| 非常规饲料原料 | 描述 | 粗蛋白质（%） | 消化能（Mcal/kg） |
| --- | --- | --- | --- |
| 食品渣 | 饼干渣、面包渣、方便面下脚料，保育阶段30%、育肥阶段10% | 13 | 3.5 |

续表

| 非常规饲料原料 | 描述 | 粗蛋白质（%） | 消化能（Mcal/kg） |
|---|---|---|---|
| 柠檬酸渣 | 用玉米生产柠檬酸副产物，添加量为5%~10% | 26~27 | — |
| 刺槐粉 | 维生素丰富，添加量为2% | 15~18 | — |

注：卡为非法定计量单位，1 Mcal=4.184 MJ。

表10　新疆非常规饲料原料

| 非常规饲料原料 | 描述 | 粗蛋白质（%） | 消化能（Mcal/kg） |
|---|---|---|---|
| 红花粕 | 红花提取红花油副产物，添加量为5% | 20~22 | — |
| 葡萄籽粕 | 葡萄酒厂副产物，添加量为5% | 12~14 | — |
| 辣椒粕 | 提取辣椒精后的剩余物，育肥阶段用至5%~10% | 14 | 2.76 |

注：卡为非法定计量单位，1 Mcal=4.184 MJ。

## 36. 玉米副产物在液态饲喂系统中的应用有哪些？

生产玉米淀粉过程中玉米浸提液在液态饲喂系统中的应用，见图2。

生产维生素 $B_{12}$ 过程中玉米浆发酵液浓浆在液态饲喂系统中的应用，见饲料级核黄素加工工艺流程图3。

玉米浆发酵液浓浆氨基酸成分见表11。

表11　玉米浆发酵液浓浆氨基酸营养成分分析值（实测值）

| 项目 | 玉米浆（%） | 备注 |
|---|---|---|
| 天门冬氨酸 | 3.89 | — |
| 谷氨酸 | 6.13 | — |
| 丝氨酸 | 0.91 | — |
| 精氨酸 | 1.14 | — |
| 甘氨酸 | 2.12 | — |

续表

| 项目 | 玉米浆（%） | 备注 |
|---|---|---|
| 苏氨酸 | 1.53 | — |
| 脯氨酸 | 1.56 | — |
| 丙氨酸 | 3.21 | — |
| 缬氨酸 | 2.80 | — |
| 蛋氨酸 | 0.85 | — |
| 胱氨酸 | 0.18 | — |
| 异亮氨酸 | 2.72 | — |
| 亮氨酸 | 3.29 | — |
| 苯丙氨酸 | 2.32 | — |
| 组氨酸 | 1.45 | — |
| 赖氨酸 | 2.34 | — |
| 酪氨酸 | 0.92 | — |
| 色氨酸 | 0.51 | 以干物质计 |
| 氨基酸总量 | 37.84 | 以干物质计 |

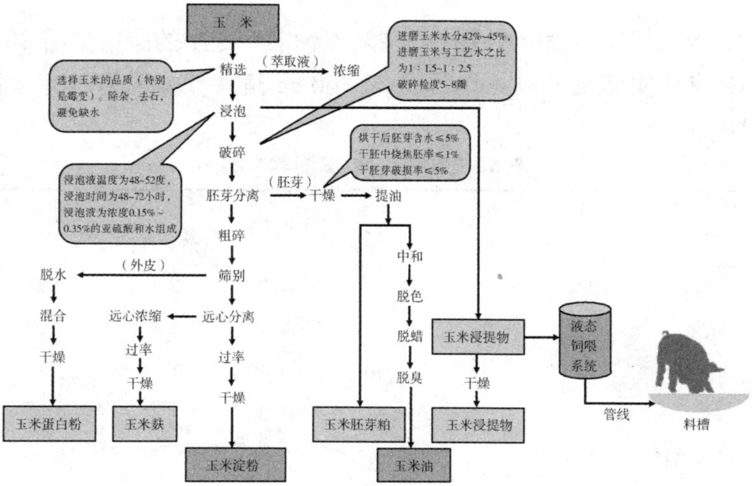


图2　玉米浸提液应用于液态饲喂系统

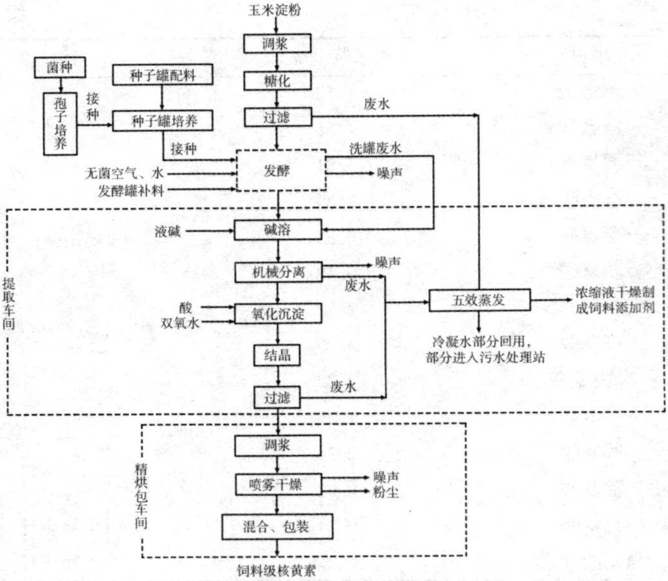


**图 3　饲料级核黄素加工工艺流程**

生产赖氨酸过程中副产物在液态饲喂系统中的应用见图 4。

具体实施案例以焦作孟州 30~60 kg 猪营养方案为例，见表 12。

**表 12　30~60 kg 猪营养方案**

| 原料 | 配比（%） | 配成 100 kg | 含水（kg） | CP（%） | DE（Mcal/kg） | 价格（元/500 g） |
|---|---|---|---|---|---|---|
| 面包片 | 43 | 43 | | 4. 08 | 1. 35 | 0. 38 |
| 玉米 | 25 | 25 | | 1. 75 | 0. 85 | 0. 25 |
| 玉米浆 | 10 | 20 | 10 | 4. 70 | 0. 31 | 0 |
| 辣椒粕 | 10 | 10 | | 1. 30 | 0. 22 | 0. 06 |
| 12%浓缩料 | 12 | 12 | | 3. 96 | 0. 37 | 0. 45 |
| 合计 | 100 | 110 | 10 | 15. 79 | 3. 12 | 1. 14 |

注：卡为非法定计量单位，1 Macl = 4. 184 MJ。

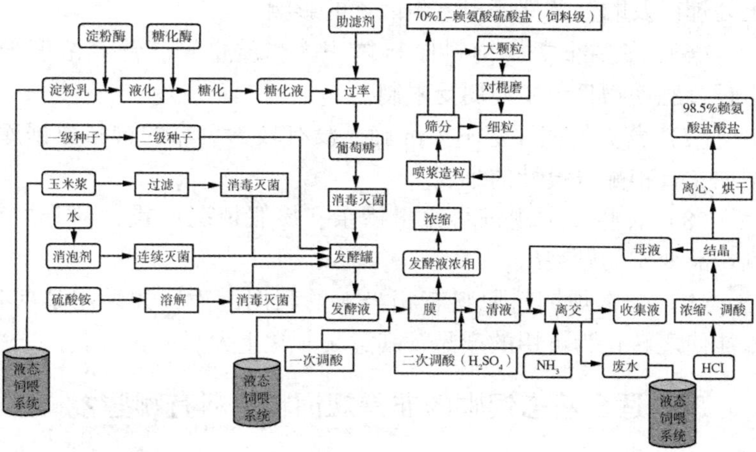


图4 生产赖氨酸时的副产物在液态饲喂系统中的应用

## 37. 非常规饲料原料的特点有哪些?

非常规饲料原料来源广泛，成分复杂，它们的共同特点主要包括以下几个方面。

（1）非常规饲料原料通常是不被利用或利用率低的生产和消费的最终产品，可以再循环或加以利用。

（2）相对而言营养价值较低，营养成分不平衡，就作物来源的非常规饲料而言，大多是质量低、体积大的粗饲料，其粗纤维含量高，适于饲养草食动物。

（3）含有多种抗营养因子或毒物，不经过处理不能直接使用或必须限制用量。

（4）部分非常规原料适口性差，饲用价值较低，需要经过一定的技术处理加以利用。

（5）营养成分变异很大，质量不稳定，受到产地来源、加工处理以及贮存条件等多方面因素的影响。

(6) 许多非常规饲料原料体积大、质量轻、营养浓度低、生长育肥动物日粮中使用受限制。

(7) 营养价值评定不太准确，没有较为可靠的饲料数据库，增加了日粮配方设计的难度。

(8) 有些非常规饲料原料掺杂、掺假情况严重，部分加工副产品变质问题突出。

(9) 非常规饲料原料有相当大的利用潜力，如采用某些技术能使之转化为可用的产品，其意义非常重大。

## 38. 适合液态饲喂的非常规饲料原料有哪些？

液态饲喂具有较强的容纳性，很多常规饲喂不能应用的非常规饲料原料，液态饲喂均可应用（彩图3）。适合于液态饲喂的非常规饲料原料如下。

(1) 玉米副产物：玉米淀粉浆、可溶性干酒精糟（DDS）、玉米粉、玉米酒精浆、葡萄糖渣、玉米糁、玉米蛋白粉、玉米淀粉乳、玉米浆、玉米面等。

(2) 小麦副产物：黄粉、次粉、小麦胚芽、面酱等。

(3) 其他谷物副产物：小米油糠、其他油糠、碎米、豌豆等。

(4) 食品工业下脚料：汤圆浆、馍干粉、蛋糕渣、饼干粉、面包片、雪米饼粉、干酒精糟液（DDGS）、啤酒糟、大豆分离蛋白、豆腐渣等。

(5) 淀粉、块根和块茎类：南瓜、胡萝卜、马铃薯渣、甜菜糖蜜、甘蔗糖蜜。

(6) 油料作物副产物：胚芽粕、葵花子粕、亚麻粕、芝麻粕等。

（7）乳制品：纯牛奶、酸牛奶、甜乳清、酸乳清、下架奶粉、下架炼乳等。

（8）其他动物副产品：脱脂浓缩鱼汁、鸡肠、鸡骨渣、肉渣、水解畜毛粉、水解羽毛粉、肉饼粉、不可食用动物内脏、大骨头、肉骨粉等。

（9）谷物类：大麦、高粱、燕麦、黑麦、青稞等。

（10）果渣类：苹果渣、葡萄渣、诺丽果渣、梨渣、酵素渣等。

（11）青草、青贮类：玉米秸秆青贮、构树青贮、苜蓿青贮、桑叶青贮。

（12）海藻类。目前我国大规模生产的海藻主要是海带和紫菜，海藻富含糖类、矿物质、维生素、游离氨基酸、脂肪酸、天然色素及未知生长因子，以改善饲料效率、促进生长并提高成活率。在欧美各国，海藻类植物已经被广泛添加到饲料中，我国对海藻饲料的研究刚刚起步，绝大多数仅停留在对野生海藻的利用阶段。

## 39. 如何选择合适的非常规饲料原料？容易购买吗？

由于非常规饲料原料具有多方面的局限性，在使用时要注意根据各种饲料原料的实际情况进行适当的处理和调整。在使用时，要注意到它的营养特性、抗营养成分、物理特性以及经济价值等，合理使用非常规饲料原料。非常规饲料原料选择原则如下。

（1）因地制宜选择地源性饲料。目前地源性饲料的定义还处于商讨阶段，本文中所述的地源性饲料是指地产丰富的，或指经过饲料化加工处理后可规模化饲用的地方性饲料资源的总称，具有特色的营养价值、不易加工处理、流通成本高、易变质、季节性强和有一定地理范围等特点，合理利用可降低饲料成本，提高养殖经济效益，保护生态环境，实现生态循环养殖。简而言之，地源性饲料就是产地局限于某个地区，不适合长距离运输，烘干或其他处理措施会造成营养效价损失和成本增加的具有特色营养价值的农副产品，具有地域局限性强、季节性强、环境处理难的特点。

（2）依照有关法规选择。依据《饲料和饲料添加剂管理条例》的有关规定，结合2018年7月2日，农业农村部关于印发《农业绿色发展技术导则（2018—2030）》的通知等对非常规饲料原料进行选择。

（3）依照饲料卫生标准进行选择。参照《饲料卫生标准》（GB 13078—2017）进行选择。

（4）依照营养平衡的原则选择。根据非常规饲料原料的营养特性和有害成分含量，来确定它在日粮中的最大用量。并根据其他原料的营养特性，适量增减氨基酸和维生素的用量，使整个配方营养均衡。

（5）根据原料的物性特征进行选择。含有抗营养因子或毒物的饲料原料，通过使用某些添加剂或加工处理，使抗营养因子钝化或脱毒。例如，在含有非淀粉多糖的非常规饲料原料及其副产品的日粮中，使用β-葡聚糖酶、木聚糖酶、纤维素酶等；在含有植酸水平高的日粮中使用植酸酶；在含有棉酚的棉籽粕日粮中添加硫酸亚铁等。

（6）根据饲喂对象选择不同的非常规饲料原料。畜禽对非常规饲料原料的利用有如下特点：①反刍动物比单胃动物更容易利用；②猪比家禽能更好地利用；③水禽比鸡能更好地利用；④水禽对饲料毒物比鸡更敏感；⑤成年动物比幼年动物能更好地利用。

非常规饲料原料相对于常规饲料原料而言，属于小众产品，没有过多的关注和利用，但对于食品工业而言，可以为其减轻环保压力，若有一定的渠道，很容易购买。运输方面也有一定的选择性，针对液态类非常规饲料原料需要有罐装车进行运输，对于湿态类非常规饲料原料和粉状非常规饲料原料按照常规饲料原料的运输方式运输。

## 40. 液态饲喂中对常规饲料原料的粉碎粒度有何要求？

饲料及饲料原料的粉碎粒度会因畜禽品种、饲养阶段及原料种类不同而有差异。若按照常规方法（粉料、颗粒料）饲喂，粉末过细，会使畜禽的适口性变差，使物料粘在畜禽的口腔中而不便吞咽。同时，过细的粉末容易引起畜禽胃溃疡。不管是常规饲喂还是液态饲喂，针对不同的饲养对象、不同的饲养阶段，都有不同的粒度要求，常规饲喂粒度要求如下。

（1）仔猪饲料粉碎粒度：各项研究结果表明，仔猪饲料中谷物原料的粉碎粒度以300~500 μm为最佳。其中，断奶仔猪在断奶后0~14 d，以300 μm为宜；断奶后15 d以后以500 μm为宜。

（2）育肥猪饲料的粉碎粒度：饲料试验表明，谷物粒度减小会改善体增重和饲料转化率，但小粒度时，出现猪胃肠损伤和角质化现象。试验表明，生长育肥猪的适宜粉碎粒度在500~600 μm。采用粒度小的饲料进行制粒后饲喂育肥猪，粪内的干物质减少27%。

（3）母猪饲料的粉碎粒度：适宜的粉碎粒度同样可提高母猪的采食量和营养成分的消化率，减少母猪粪便的排出量，大量试验表明母猪饲料的粉碎粒度以400~500 μm最适宜。

液态饲喂完善和避免了常规饲喂过程中因粒度过细出现的一系列问题：如粉末过细，会使畜禽的适口性变差、不便下咽，引起胃溃疡等。液态饲喂对常规饲料原料的粉碎粒度的要求要比常规饲喂对常规饲料原料的粉碎粒度的要求更严格，要求粒度更细，粒度在100~300μm最佳。粒度越细，越能够增加饲料的表面积，也更有利于动物的消化和吸收。动物营养学试验证明，减少颗粒尺寸，改善了干物质、蛋白质和能量的消化和吸收，降低了料肉比。另外，改善和提高物料的加工性能，通过粉碎可使物料的加工基本一致，减少混合均匀后的物料分级。

## 41. 怎样快速鉴定非常规饲料原料的营养价值?

快速鉴定非常规饲料原料的营养价值可以从定性检测和定量检测两方面入手。

(1) 定性检测：从感官判断，包括色泽、外观、气味。

看：一看非常规饲料原料是否符合饲料卫生标准；二看有无相关标签；三看保质期；四看色泽。根据非常规饲料原料的色泽可大概判断饲料是否稳定，但非常规饲料原料色泽不是决定饲料好坏的唯一标准，看看色泽是否一致均匀，是否有结块、发霉现象。

闻：根据非常规饲料原料的物性特征，判断本质气味。若非常规饲料原料有发霉气味、油脂哈喇味及其他异味等，则不可使用。

尝：优质非常规饲料原料应具备非常规饲料原料本质的物性特征，如新鲜豆渣尝之微甜。

喂：好的非常规饲料原料适口性好，若在非常规饲料原料饲喂过程中出现大猪采食量降低、不采食甚至拒食，可考虑改善非常规饲料原料的适口性。但是有两种情况需排除在外，一种是猪只有病，另一种是新更换饲料猪只不适应。

(2) 定量检测：主要检测非常规饲料原料的水分含量。非常规饲料原料如淀粉汤、豆腐渣、玉米浆、鸡肠等购买时需要及时判断水分含量，采用快速测定水分的仪器进行检测。如淀粉汤和玉米浆水分含量常采用波美计检测。

波美计，又名波美比重计、锤度计（此名称出现于测蜜糖、奶酪时的锤度）。它是以波美度为单位来测量溶液浓度、密度的方法。

## 42. 怎样把控非常规饲料原料的品质?

采用定性和定量相结合的方法，通过建立综合评估指标体系和评估模型，量化评估非常规饲料原料的可用性。

非常规饲料原料大都营养指标数据残缺不全，同时，单纯的营养指标不能全面反映非常规饲料原料的价值，所以需要建立一套全面反映适口性、抗营养因子、可获得性、可加工性、市场包容性、原料价格以及适用的动物等因素的综合评估模型。

$$\mathrm{UFVI}\ (i) = \prod_{i}^{j} D\ (i,\ j) \ \cdot \ \sum_{i}^{k} \frac{M\ (i,\ k)}{A\ (k)} P\ (k) \qquad (1)$$

其中：UFVI（$i$）表示有 $i$ 种非常规饲料原料参与评估，第 $i$ 种原料的价值指数（Unconventional Feed Value Index）；

D（$i$, $j$）表示第 $j$ 种定性指标值；

M（$i$, $k$）表示第 $i$ 种参比原料的第 $k$ 种定量指标值；

A（$k$）表示第 $i$ 种参比原料的第 $k$ 种定量指标值平均值；

P（$k$）表示第 $k$ 种定量指标权重值。

公式（1）中展开后可以写成

Proc（$i$）· Mark（$i$）· Anim（$i$）· Anti（$i$）· Edib（$i$）· Aval（$i$） （2）

公式（1）展开后还可以写成

DE（$i$）/A（DE）· P（1）+CP（$i$）/A（CP）· P（2）+ASH（$i$）/A（ASH）· P（3）+CF（$i$）/A（CF）· P（4） （3）

公式（2）和公式（3）中指标变量的含义见表 13。对于各个变量和权重 P（k）值的取值方法有很大的主观性和不确定性，对于不同地区、不同原料的种类、原料的不同品质和配方设计的差异化取值方法会有所不同。表 13 给出的是模型变量和权重取值的一个推荐示例，用户可以根据本地区非常规饲料原料的特性和产品型号设计确定自己的取值和权重分配。

**表 13　价值指数模型中变量含义和取值方法示例**

| 变量 | 含义 | 取值方法 |
|---|---|---|
| DE（*i*） | 能量价格 | （Mcal/kg）/元，P（1）取 0.3 |
| CP（*i*） | 粗蛋白质价格 | 粗蛋白质 · 10/元，P（2）取 0.34 |
| ASH（*i*） | 粗灰分 | 粗灰分 · 10，P（3）取−0.18 |
| CF（*i*） | 粗纤维 | 粗纤维 · 10，P（4）单胃取−0.18，复胃取 0.18 |
| Edib（*i*） | 适口性 | 排斥为 0.5，一般为 1，喜好为 2 |
| Aval（*i*） | 可获得性 | 无法获得取 0，少批次取 0.5，稳定取 1 |
| Anti（*i*） | 抗营养因子 | 有毒取 0，有害取 0.5，可用取 0.7，不含取 1 |
| Proc（*i*） | 可加工性 | 不可加工为 0，加工困难为 0.5，可加工为 1 |
| Mark（*i*） | 市场包容性 | 不可包容为 0，可包容为 1，乐于接受为 2 |
| Anim（*i*） | 动物适用度 | 不适合为 0，一般为 1，适合为 2，促生长为 4 |

注：资料来源于周玲（2008）。
卡为非法定计量单位，1 Mcal = 4.184 MJ。

## 43. 如何评定非常规饲料原料的营养价值？

根据畜禽对非常规饲料原料利用的特点，在考虑是否选用某种非常规饲料原料时，猪场的决策者不仅要考虑非常规饲料原料的价格，还要综合考虑其营养价值、适口性、抗营养因子、可获得性、可加工性、市场包容性等因素。

以豆腐水的评估与测算为例，制订快速评定方案：

看：看色泽，是否是豆腐水本质的色泽，若有发霉，拒收。

闻：是否发馊，若有发馊气味，拒收。

尝：有新鲜豆腐的香甜味。

喂：单独喂猪，看是否争食、抢食。

测：对于高水分非常规饲料原料还可以进行水分快速检测，即用波美计进行水分的快速测定，折算干物质，看价格是否合适。

对非常规饲料原料的利用价值评估可以分解为若干个评估指标，有些属于定性指标，有些属于定量指标，对于营养价值因素需要重点考虑的是该原料的能量、蛋白质、粗纤维、灰分等定量指标，另外，特别是猪场决策者需要考虑原料的霉菌及其毒素含量，这些定量指标均可送至质检部门进行检测。

以漯河郾城区试验猪场选用豆腐水为例，因豆腐水在当地是直接排放在下水道里，既浪费了资源，又污染了环境，基于以上因素，考虑对豆腐水加以利用，那么如何评估？多少钱购买最合适？其分析见表 14。

**表 14　豆腐水与淀粉汤的对比**

| 原料名称 | 干物质（%） | 湿态价格（元/t） | 干基价格（元/t） | 蛋白质含量（%） | 蛋白质价格（元/个） |
|---|---|---|---|---|---|
| 豆腐水 | 2 | 40 | 2 000 | 31 | 65 |
| 豆腐水 | 2 | 50 | 2 500 | 31 | 81 |
| 豆腐水 | 2 | 60 | 3 000 | 31 | 97 |
| 豆腐水 | 2 | 70 | 3 500 | 31 | 113 |
| 豆粕 | 87 | 2 900 | 3 333 | 43 | 78 |
| 淀粉汤 1 | 6 | 85 | 1 417 | 10 | 142 |
| 淀粉汤 2 | 10 | 90 | 900 | 10 | 90 |
| 淀粉汤 3 | 26 | 240 | 923 | 10 | 92 |

对比表明，豆腐水价格最高可在 70 元/t 时成交。

## 44. 高水分非常规饲料原料如何保存和使用？

相对于常规原料而言，以风干样品为参照做对比，高水分非常规饲料原料按照含水率分类如表15所示。

表15 高水分非常规饲料原料含水率及保存方法

| 原料种类 | 含水率≥（%） | 描述 | 保存条件 | 保存方法 |
|---|---|---|---|---|
| 鸡肠 | 30 | 屠宰鸡后的废弃物，含浮油 | 常温 | 将鸡肠粉碎，高温蒸煮 |
| 鸡肉泥 | 40 | 屠宰鸡的鸡脖部分进行粉碎，连骨带肉 | 常温 | 直接蒸煮或添加一定量的碳源进行发酵 |
| 玉米浆 | 50 | 生产玉米淀粉或赖氨酸或维生素$B_2$过程中的玉米浸泡液 | 常温 | 桶装、池装或罐装 |
| 玉米糟 | 60 | 玉米酒糟，由酵母发酵的某种谷物或谷物混合物蒸馏提取酒精后剩下的残液中分离出的粗渣 | 常温 | 袋装或池装 |
| 豆渣 | 70 | 豆腐加工副产品，有较丰富的营养物质，其粗蛋白质含量可达25%~30%，是喂猪的廉价饲料之一 | 常温 | 发酵保存 |
| 淀粉汤 | 80 | 生产小麦淀粉过程中的废液 | 常温 | 池装或罐装 |
| 豆腐尾水 | 90 | 豆腐加工废弃尾水 | 低温 | 池装或罐装 |

针对以上高水分非常规饲料原料典型代表进行逐一分析：

鸡肠：鸡肠可以在育肥猪阶段完全替代豆粕，以风干样计可添加20%左右，消化吸收率高，可降低日粮配方成本，显著增加养猪效益。鸡肠在应用过程中应注意及时搜集，快速运贮，做好防腐烂工作；然后加工调制，将鸡肠粉碎，高温蒸煮，取出浮油，无粉碎条件的要煮烂，取油，在液态料搅拌罐中按照一定的添加量进行均匀搅拌。

鸡肉泥：鸡肉泥为鸡屠宰后的鸡脖部分，连骨带肉进行粉碎，其中鸡骨渣的粉碎粒度如同小麦粒大小，在育肥和哺乳母猪阶段可部分替代豆粕，鸡肉泥中钙、磷含量较高，饲喂哺乳母猪效果较好。在应用过程中，可蒸煮使用，也可发酵使用，秋、冬季节气温较低，采用蒸煮方法，春、夏季气温较高时采用发酵方法。

玉米浆：玉米浆为生产玉米淀粉过程中的玉米浸泡液，初水分检测时，65 ℃烘 8 h 后，样品成胶体状，无法达到风干样品状态。若完全去除总水分，成本较高。故而在应用过程中，主要以液态为主，借助于液态饲喂系统加以利用。

酒精糟：可预防猪肠道消化疾病并能抑制饲料自身的病原菌，有效磷含量高，钙含量很低，需要其他矿物原料来补充；B 族维生素和维生素 E 含量丰富，但赖氨酸和色氨酸含量很低，必须添加赖氨酸和色氨酸。用玉米生产酒精主要有三种方法：①全粒法，是将整粒玉米直接捣碎投料，其副产品是玉米酒精糟；②脱胚法，是将玉米先行脱去胚芽再投料，副产品为玉米油、玉米胚芽饼及纤维饲料；③湿法生产酒精，将玉米先做成湿淀粉浆，再生产酒精，副产品为玉米油、玉米蛋白、纤维饲料等（图 5）。在猪日粮中的添加量为 20%左右，为防止腐坏和延长使用期，在湿玉米酒糟中（约 60%水分）常常要加防腐剂和霉菌抑制剂。

豆腐渣必须鲜用，饲喂时一定要控制好用量。另外，豆腐渣饲喂前要煮 15 min，以增强适口性，提高蛋白质吸收利用率。

在用豆腐渣喂猪时，用量不能过多。用鲜豆腐渣喂猪，小猪阶段喂量为日粮的 5%~8%，中猪阶段喂量要控制在日粮的 15%以内，育肥猪喂量要控制在日粮的 20%以内。另外，用豆腐渣喂猪，饲喂时要搭配一定比例的玉米、麸皮和矿物质元素，加喂一些青绿饲料，以满足生猪生长发育的需要；不能用冰冻的豆腐渣

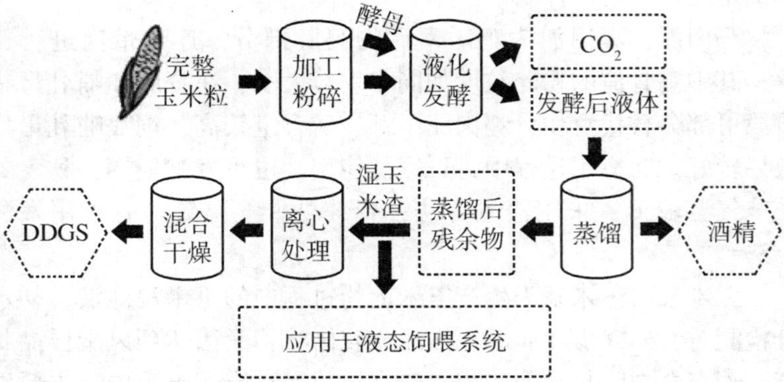


图5　湿玉米酒糟制作过程

喂猪，应融化后再饲喂，否则易引起猪的消化功能紊乱；饲喂时鲜豆腐渣应尽可能保持新鲜，若有轻度酸味，喂猪前在每千克豆腐渣中加入50 g石灰粉或小苏打粉搅拌均匀，以中和醋酸。

目前，豆腐渣有两种贮存方法，一是厌氧发酵贮存，用密封容器把豆腐渣封起来，以延长保存期；二是晒干贮存，把豆腐渣的水分排出，将水分控制在13%~14%。业内人士认为，豆腐渣最好鲜用，以降低成本，晒干后，会使豆腐渣的部分营养丢失。用厌氧发酵的豆腐渣饲喂家畜，用量与鲜喂量差不多；用晒干后的豆腐渣饲喂家畜，用量要减少到鲜喂量的1/5。

淀粉浆：淀粉浆在液态饲喂过程中在常温下用池子和罐体均可贮存。

豆腐尾水：豆腐尾水在冬季应用效果较好。

## 45. 泔水（潲水）能够应用于液态饲喂吗？

依据《中华人民共和国动物防疫法》和《中华人民共和国畜牧法》相关规定，泔水（潲水）直接应用是不允许的。

近期，非洲猪瘟的发生引起了行业的高度关注。国家《非洲猪瘟防治技术规范（试行）》第 2 条关于非洲猪瘟的传播途径说明中也明确指出，非洲猪瘟主要通过接触非洲猪瘟病毒感染猪或非洲猪瘟病毒污染物（泔水、饲料、垫草、车辆等）传播。

泔水是指饭店、餐厅、食堂等处收集的餐厨废弃物，被大多数人认为是最可能传播的途径，因为在其他国家有过先例。据了解，1957 年和 2007 年发生于葡萄牙和格鲁吉亚的非洲猪瘟疫情，均由国际航班或者轮船产生的废弃泔水直接饲喂生猪而引起。而在俄罗斯开展的研究显示，在该国所有新染病的家猪中，有 97% 属于泔水喂养。

各地为严格控制非洲猪瘟疫情，组织开展禁止泔水喂猪和饲料专项整治活动。根据相关法律法规，各地要高度重视泔水猪清理整治工作，要重点对两地接壤区、城乡接合部、河滩废弃地等生猪养殖场户进行拉网式排查，逐一登记备案，建立监管档案。做到“泔水猪”养殖户检查率、问题查处率和隐患整改率“三个 100%”。清查过程中，向养猪户发放“明白纸”“告知书”，宣传动物防疫法律法规、健康养殖理念以及食用“泔水猪”的危害，积极引导生猪养殖场户实施科学健康养殖，健全养殖档案，确保“泔水猪”清理整治工作扎实到位，不出现反弹，不出现死角和漏洞。

## 46. 玉米酒精糟在液态饲喂中的应用注意事项有哪些？

DDGS（Distillers Dried Grains with Solubles，干酒精糟液）是酒糟蛋白饲料商品名，一种为 DDG（Distillers Dried Grains，干酒精糟），是将玉米酒精糟做简单过滤，滤渣干燥，滤清液排放掉，只对滤渣单独干燥而获得的饲料；另一种为 DDGS，是将滤清液干燥浓缩后再与滤渣混合干燥而获得的饲料。后者的能量和营养物质总量均明显高于前者。DDGS由DDG和DDS组成，其中含有约30%的DDS和70%的DDG。

玉米酒精糟是以玉米为主要原料，用发酵法生产酒精时，蒸馏废液经干燥处理后所得的副产品。由于营养价值高，特别是蛋白质含量较高，在许多国家被广泛地用作畜禽饲料。根据干燥浓缩蒸馏废液的不同成分而得到不同的副产品，玉米酒糟可分为：

（1）干酒精糟（DDG）：指将蒸馏废液的固形物部分经过干燥而得，因颜色鲜明，故也称透光酒精糟。

（2）可溶性干酒精糟（DDS）：指除去固形物部分的残液浓缩和干燥而得。

（3）干酒精糟液（DDGS）：是将DDG和DDS混合起来的产品，也叫深色酒糟，俗称黑色酒精。

（4）DDS在液态饲喂系统中用量可达15%（干物质计），DDS是高蛋白非常规原料，水分含量约60%，但其适口性差，需配合发酵技术改善其适口性。

## 47. 淀粉浆在育肥猪生产中的应用注意事项有哪些?

淀粉浆是生产淀粉过程中产生的废液，按生产淀粉的种类不同可分为小麦淀粉浆（图6）、玉米淀粉浆、红薯淀粉浆等，目前河南地区已成熟应用的为小麦淀粉浆和玉米淀粉浆。

小麦淀粉浆在液态饲喂系统中可以大量应用，其添加量可达40%左右，但在应用之前，需要对淀粉浆进行化验和评估。淀粉浆的干物质含量有很大的区别，目前市场上应用的小麦淀粉浆分为两类，一类是稀淀粉浆，含有6%~10%的干物质；一类是稠淀粉浆，含有20%左右的干物质，蛋白质含量为8%~9%，灰分含量较低，是动物饲料中很好的能量来源。

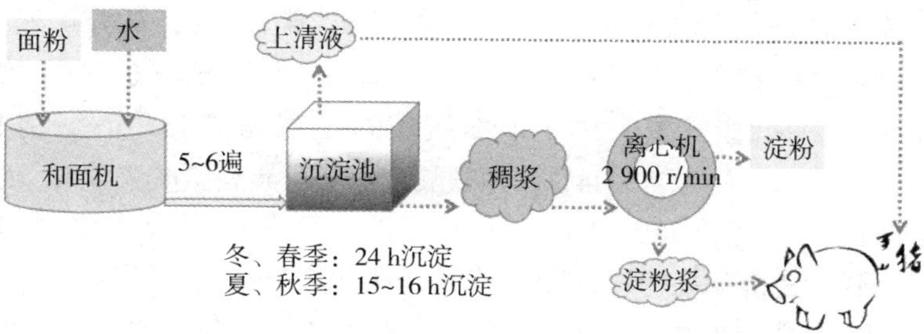


图6 小麦淀粉浆加工工艺流程

玉米淀粉浆分为三种不同的类型，第一种是以玉米为原料，生产赖氨酸过程中所产生的废液；第二种是以优质玉米为原料，生产玉米淀粉过程中所产生的废液；第三种是以玉米淀粉为原料，生产维生素 $B_2$ 过程中所产生的废液。三种不同类型的玉米淀粉浆均有一个共同的特点，即具有较高的营养价值，但有微微的苦味，适口性不好。玉米淀粉浆粗蛋白质含量为47%，总氨基酸含量为37. 84%，故而，在育肥猪阶段应用液态饲喂时，建议添加量为15%，不影响猪的适口性，还替代了部分植物蛋白质。目前在豫北焦作地区，玉米淀粉浆已被广泛应用。

淀粉浆均可在常温状态下用池子或者是贮存罐进行保存，在应用过程中，应注意水分含量的测定，以及检测淀粉浆的霉菌毒素。

## 48. 鸡肠在液态饲喂系统中的应用注意事项有哪些？

鸡肠是鸡屠宰加工的废弃物，它来源广、数量多、成本低、营养丰富，利用它来喂猪，不仅能节省大批饲料，还可以提高养猪的经济效益。

鸡肠可分为新鲜鸡肠和冷冻鸡肠两种，是很好的动物蛋白源。鸡肠营养价值丰富，据分析，鲜鸡肠中含干物质26. 3%，粗蛋白质52.9%，粗脂肪42.4%，钙0.22%，磷0.9%，灰分4.7%，鸡肠中含有植物性饲料缺乏的必需氨基酸，其赖氨酸6.64%，缬氨酸4.32%，蛋氨酸1.1%，胱氨酸0.9%，甘氨酸13.61%，精氨酸6.64%，苯丙氨酸3.44%，苏氨酸3.13%，异亮氨酸2.61%，组氨酸1.73%，色氨酸0.3%。

不管是新鲜鸡肠还是冷冻鸡肠，在使用过程中应注意：

（1）必须取鲜、煮鲜、喂鲜，蒸煮温度要高，要烂，切忌久存、生喂。

（2）不能单用鸡肠喂猪，对不同类型、不同生长发育阶段的猪，要按不同配合比例和饲喂方法来饲喂。例如小猪要去掉浮油由少到多加入配合饲料喂给，大猪则不必去油或少去油。瘦弱猪及产前产后母猪可适当增加喂量，膘肥体胖的种公、母猪要减少喂量或增加粗料的比例。

（3）鸡肠浮油应低温保存或加防腐剂，以备无鸡肠时作添加剂，用于肥育猪或产前产后母猪。

（4）搞好防疫卫生，定期进行防疫注射，清扫场地、洗刷用具，及时除粪灭蝇，切忌将腐败变质鸡肠到处乱扔，更不能用来喂猪。

## 49. 玉米豆粕日粮也可以使用液态饲喂吗？

玉米豆粕日粮是否可以使用液态饲喂主要取决于浓缩料的设计理念和技术，若是单纯的常规料设计理念，发挥不出液态饲喂的最大优势。以美国为例，美国是典型的采用玉米-豆粕型日粮的国家，美国那些走在前列的与液态饲喂有关的农场主和学者都对液态饲喂表现出了不同寻常的拒绝之意，主要是因为玉米-豆粕型日粮以常规料的设计理念应用于液态饲喂没有发挥出最大优势。若浓缩料按照液体料设计理念，在配方设计、加工工艺等方面都按照液态饲喂的标准进行，玉米-豆粕型日粮也是可以应用于液态饲喂的。但需要注意其粉碎粒度及其料水比的调节，不同的日粮配方要求的料水比不一样。

## 50. 青绿饲料、青贮饲料能用于液态饲喂吗？怎么使用？

青绿饲料和青贮饲料均可以应用于液态饲喂，它们克服了常规饲喂过程中因水分含量高无法混合均匀的难题，比常规饲喂更方便有效。

在使用过程中又分两种形式，一种是直接把新鲜青绿饲料粉碎成浆，稍加清洁水泵送于液体搅拌罐中，在搅拌罐中混合均匀后泵送于料槽中供猪采食；一种是把青绿饲料和青贮饲料粉碎后直接加入液体搅拌罐中，与搅拌罐中的原料混合均匀，即以全价料的形式泵送于料槽中供猪采食。

以发酵构树叶为例，以构树叶为主要原料发酵制成，不含农药、激素。利用生物技术发酵生产的构树饲料具有独特的清香味，猪喜吃，吃后贪睡、肯长。饲料消化可率达80%以上。有资料显示，构树叶在猪养殖生产中，主要用在生长育肥猪饲粮中，母猪和断奶仔猪上的报道较少。构树叶是自然界中能够用来喂猪的树叶之一，很早以前我国个体养殖户就已有用构树叶喂猪的习惯。但猪对构树叶蛋白质的消化吸收仅为20%左右，其余的都通过粪便排出，没有得到充分利用，造成极大的浪费，饲养效率极低。有研究表明，通过酶工程技术、生物工程技术对构树叶进行发酵处理，能够降解构树叶粗纤维、结构复杂的大分子蛋白，提高粗蛋白质和游离氨基酸的含量。发酵后的构树叶饲粮具有独特的清香味，适口性好，蛋白质的利用率达到80%以上，夏中生等试验发现，生长猪配合饲粮中构树叶粉添加量在20%左右时，对猪的采食量和生长增重无不利影响。陶兴无等研究发现，饲粮中添加20%的发酵构树叶，料重比为2.00，生长猪的日增重可达到0.74 kg。说明发酵构树叶饲喂生长育肥猪可提高其生长性能，具有良好的增重效果。

发酵构树在育肥猪阶段的应用见表16、表17。

表16 育肥阶段建议营养方案一（适用阶段：30~60 kg）

| 原料 | 配比（%） | 配成100 kg | 含水 | CP（%） | DE（Mcal/kg） | 价格（元/kg） |
|---|---|---|---|---|---|---|
| 饼干粉 | 30 | 30 | | 1.80 | 0.94 | 0.63 |
| 次粉 | 15 | 15 | | 2.70 | 0.48 | 0.29 |
| 发酵构树 | 20 | 80 | 60 | 5.40 | 0.52 | 0.24 |
| 辣椒粕 | 12 | 12 | | 1.56 | 0.30 | 0.14 |
| 面粉 | 15 | 15 | | 2.25 | 0.47 | 0.36 |
| 8%预混料 | 8 | 8 | | 2.24 | 0.22 | 0.71 |
| 合计 | 100 | 160 | 60 | 15.95 | 2.93 | 2.37 |

注：卡为非法定计量单位，1 Mcal=4.184 MJ。

表17 育肥阶段建议营养方案二（适用阶段：60 kg至出栏）

| 原料 | 配比（%） | 配成100 kg | 含水 | CP（%） | DE（Mcal/kg） | 价格（元/kg） |
|---|---|---|---|---|---|---|
| 玉米 | 20 | 20 | | 1.60 | 0.68 | 0.36 |
| 饼干粉 | 10 | 10 | | 0.60 | 0.31 | 0.21 |
| 次粉 | 27 | 27 | | 3.78 | 0.85 | 0.51 |
| 发酵构树 | 20 | 80 | 60 | 5.40 | 0.54 | 0.24 |
| 辣椒粕 | 15 | 15 | | 1.95 | 0.37 | 0.18 |
| 8%预混料 | 8 | 8 | | 2.24 | 0.22 | 0.71 |
| 合计 | 100 | 160 | 60 | 15.57 | 2.97 | 2.21 |

注：具体饲喂方案见“爱猪人液态饲喂七步骤”。

原料价格玉米 1.8 元/kg、饼干粉 2.14 元/kg、次粉 1.9 元/kg、发酵构树（干基）1.2 元/kg、辣椒粕 1.2 元/kg、8%预混料 8.9 元/kg。

卡为非法定计量单位，1 Mcal=4.184 MJ。

发酵构树在妊娠母猪阶段的应用见表 18。

**表 18　妊娠母猪阶段建议营养方案**

| 原料 | 配比（%） | 配成 100 kg | 含水 | CP（%） | DE（Mcal/kg） | 价格（元/kg） |
|---|---|---|---|---|---|---|
| 10%预混料 | 10 | 10 | | 1.20 | — | 0.70 |
| 玉米 | 60 | 60 | | 4.80 | 2.04 | 1.26 |
| 豆粕 | 5 | 5 | | 2.15 | 0.18 | 0.16 |
| 发酵构树 | 25 | 100 | 75 | 6.75 | 0.67 | 0.30 |
| 合计 | 100 | 175 | 75 | 14.90 | 2.89 | 2.42 |

注：具体饲喂方案见“爱猪人液态饲喂七步骤”。

卡为非法定计量单位，1 Mcal=4.184 MJ。

发酵构树在哺乳母猪阶段的应用见表 19。

**表 19　哺乳母猪阶段建议营养方案**

| 原料 | 配比（%） | 配成 100 kg | 含水 | CP（%） | DE（Mcal/kg） | 价格（元/kg） |
|---|---|---|---|---|---|---|
| 20%浓缩料 | 20 | 20 | | 7.12 | 0.68 | 1.80 |
| 玉米 | 65 | 65 | | 5.20 | 2.21 | 1.17 |
| 豆粕 | 10 | 10 | | 4.30 | 0.36 | 0.33 |
| 发酵构树 | 5 | 20 | 15 | 1.35 | 0.13 | 0.06 |
| 合计 | 100 | 115 | 15 | 17.97 | 3.38 | 3.36 |

注：卡为非法定计量单位，1 Mcal=4.184 MJ。

## 51. 液态饲喂能够和发酵饲料结合吗？

液态饲喂和发酵饲料结合更能体现其液态饲喂的作用优势，

液态饲喂和发酵技术结合可以使目前对猪而言不易消化的“湿”饲料，如草、青贮草料、马铃薯叶、蛋白桑、构树叶甚至树及各类树叶进行利用，可以使一些适口性差的食品工业下脚料如玉米浆得到有效的改善并加以利用，达到降本增效的效果，同时还可以使动物性蛋白饲料（比如鸡骨肉、鸡肠）等通过发酵方式降低在使用过程中的蒸煮成本，更利于节能环保。目前从减抗、替抗的文件下发以来，发酵饲料更加明确了在液态饲喂系统中的地位。在实际生产中，广大生猪养殖户所关心的还是饲养成本，液态饲喂结合发酵饲料符合国家产业政策，对我国的农业可持续发展、再生资源型经济、满足市场对高品质肉食品的需求都将产生深远影响。

在欧洲，猪场使用液态发酵饲料的比例也较高，液态发酵饲料是在传统液态饲料的基础上，通过对 pH 值、温度、料水比等的调整，加入一定的促发酵剂制成，适口性更好，更利于猪的吸收。

## 52. 适合液态饲喂的添加剂有哪些？

适合液态饲喂的添加剂主要可分为以下几种。

（1）液态维生素：液态维生素目前比较常见的有液态维生素 E、液态维生素 C、液态维生素 D、复合液态维生素等，如纳米液态复合维生素，具有改善维生素在水中的溶解性、分散性和透析性，解决脂溶性维生素的溶水、吸收利用问题，不再需要通过胆汁胶化溶解后吸收，并且可使吸收率达到 100%，生物利用度达到 98%以上。郭建兵研究表明，液体纳米维生素的添加对母猪断奶后发情率、发情间隔，产活仔数，仔猪初生窝重以及仔猪断奶重具有显著影响。

（2）液态酸化剂：液态饲料酸化剂呈特殊酸味，无色或淡黄色至浅褐色均匀无分层液体。杜冰研究表明，以柠檬酸为主的复合型液体酸化剂对断奶仔猪具有保健和促生长作用。

（3）液态微量元素：如液体硒、液体锌、液体硼等。

（4）液态香味剂：肖雄渲等人比较了不同香味剂的香味持续时间、香气强度，并研究了各香味剂对小猪生长性能的影响。结果表明，与对照组相比，各处理组香味剂的香品值均优于对照组的香品值，其中以液体香味剂的香品值最高；在香味持续时间上，进口固体香味剂、国产固体香味剂随饲料贮存时间的延长而下降，而液体香味剂在 30 d 后仍保持较高的香品值。

（5）液态甜味剂：如以山梨醇为主要成分的液态甜味剂。

（6）液态氨基酸：液态氨基酸应用于液态饲喂系统可有效降低饲料成本。

（7）液态酶制剂：目前市场上主要有液态木聚糖酶、液态植酸酶等。

（8）综合功能类添加剂：如液态宝（彩图 4）。

## 53. 什么是液态宝？

液态宝是适用于液态饲喂系统的具有营养功能、脱毒功能和调节肠道功能的添加剂。其功能特点及使用方法如下。

（1）调节肠道：①调理肠道，促进有益菌的增殖，维护肠道微生态的平衡，降低肠道疾病的发生率。②抗应激，提高动物机体免疫力。③激活各种消化酶，促进蛋白质等营养物质的消化吸收，促进采食，提高动物吸收率。

（2）改善空气质量：①除臭。②减少氨气的排放量。

（3）脱毒：①有效降低生物毒素含量。②可快速清除体内药物毒素的沉积。③改善动物产品品质，提高养殖效益。

（4）使用方法：①投喂，猪日投喂量为 10~30 mL/头。②饮水，猪为2 L/t水，连续使用一周。仔猪断奶过渡期饮水量按照2 L/t的添加量应用。③液态饲喂，日拌料量为5 L/t全价饲料，每天使用。④常规饲喂，保育阶段的猪日拌料量为5 L/t全价饲料，以加油的形式加入。

(5) 目前液态宝的应用效果：①保育阶段，液态宝拌料组按5 L/t，料重比下降了0.27~0.31；②保育阶段，液态宝饮水组按2 L/t，料重比下降了0.12；③猪场除臭，按2‰的添加量浸泡衣服，可达到除臭效果；④管道清理，清理猪场管道死角霉变，效果显著。

## 54. 调味剂在液态饲喂中有效吗?

饲料调味剂（feed flavor）是指改善饲料的感官性质，使饲料更加美味可口，并能促进消化液的分泌和增进食欲的饲料添加剂。其主要由香味剂、甜味剂以及其他功能性调味剂等组成，其主要成分是食品安全的各类呈香、呈味原料以及可以促进动物采食调控的功能性因子。

调味剂的主要作用是改善饲料风味，促进猪的采食，其芳香成分可有效中和与掩盖饲料中矿物质和药物所带来的特殊气味，在液态饲喂中更能发挥调味剂的优势，特别是在液态饲喂过程中应用的非常规饲料原料，能够充分解决某些非常规饲料原料适口性差的问题。

主要以液态为主的调味剂有香味剂、甜味剂、酸化剂、酶制剂等。

调味剂在液态饲喂系统中添加量要高于常规饲料添加量，甜味剂应用于液态饲喂中添加量为150 g/t风干饲料，而在常规饲料中的添加量为100 g/t。

## 55. 液态饲喂中对饲料酶有何要求？如何利用酶制剂对饲料进行预消化？

饲料酶制剂可分为液态酶制剂和固态酶制剂，酶制剂在许多植物饲料及动物副产品的加工中起着非常重要的作用，不但能提高饲料的饲用价值，而且可提高生产效率，降低营养物质的浪费。液体酶相对于固体酶制剂而言成本相对较低，液态饲喂中选择液体酶可有效降低饲料成本，提高经济效益，液态酶主要分为植酸酶、木聚糖酶、复合酶、甘露聚糖酶。目前市场主要应用产品为液态植酸酶，其次为液态复合酶。

液态饲喂中，可以利用液态酶制剂对饲料进行预消化过程，河南爱猪人生物科技股份有限公司于 2018 年 4 月在漯河郾城区试验猪场利用液态酶制剂对饲料进行预消化（彩图 5），试验选取体重约 20kg 的猪只 120 头，随机分为 2 个处理组（对照组和试验组），每个处理 3 次重复，每次重复 20 头猪。试验猪采用 5 d预饲，在预饲期间（备注记录预饲期间过渡料采食量），对猪只进行微调整，使试验开始前，两组之间健康度保持一致。

试验数据如表 20 所示。

**表 20　液态酶制剂利用液态饲喂系统在 20 kg 猪阶段的应用效果**

| 项目 | 试验组 | 对照组 |
|---|---|---|
| 猪头数（头） | 60 | 60 |
| 饲养天数（d） | 21 | 21 |
| 猪初始重（kg） | 1 221 | 1 249. 80 |
| 猪初始均重（kg） | 20. 35 | 20. 83 |
| 猪末重（kg） | 2 406 | 2 262 |
| 猪末均重（kg） | 40. 10 | 37. 70 |
| 日均采食量（kg） | 1. 20 | 1. 28 |

续表

| 项目 | 试验组 | 对照组 |
|---|---|---|
| 日增重（kg） | 0.94 | 0.80 |
| 料重比 | 1.28 | 1.60 |

注：源自爱猪人试验猪场数据，未发表。

## 56. 液态饲喂中对饲料维生素有何要求？

在液态饲喂中，饲料维生素要选择液态维生素，因为液态维生素解决了脂溶性维生素的水溶、分散和透析的重大难题，可使脂溶性维生素的吸收率达到100%，生物利用率达到98%。液体维生素包含有液体维生素A（100万IU/g）、液体维生素$D_3$（25-羟基维生素$D_3$）、液体维生素E（98%）等。液态维生素与液态复合预混合饲料已形成“禽”“猪”“毛皮动物”“水产”“观赏动物”等五大系列专用产品。对猪而言，液态饲喂中选择液态维生素可以避免在加工过程中因原料的粉碎粒度不一致而导致维生素在最下层的分层现象，不易让猪均匀采食。故而，在设计液态料配方时，要考虑水溶性维生素及其添加量的综合应用。

## 57. 液态饲喂中对矿物元素有何要求？

液态饲喂过程中，对矿物元素可以选择固态微量元素，还可以应用液态微量元素。应用固态微量元素对加工工艺要求严格，特别是原料的粉碎粒度尽可能保持一致，因为不一致的原料粒度在饲喂过程中容易分层，导致微量元素在最下层，不易让猪均匀采食。故而，在设计液态料配方时，要考虑水溶性较好的液态微量元素及其添加量的综合应用，液体微量元素包含液体铜、液体铁、液体锌、液体硒、液体硼、液体锰等。

# 五、液态饲喂对水的要求

## 58. 水的营养有哪些？

（1）猪的各种生理活动都需要水。机体发生的每一个化学反应中均有水参与，包括食物的采食，食糜的输送，养分的消化、吸收、转运、分解与合成。碳水化合物、脂肪和蛋白质的氧化都会生成水，这些物质代谢产生能量的过程需要经过一系列复杂的反应，最终除了能量以外，还产生二氧化碳和水。

（2）运输作用。高的介电常数使得水能够溶解大量的物质，并能通过循环系统在全身转运这些物质。水在血管、细胞之间川流不息，把氧气和营养物质运送到组织细胞，再把代谢废物排出体外，猪的各种代谢和生理活动都离不开水，在养分进入机体组织细胞的过程中以及代谢废物从组织细胞清除的过程中水扮演着重要的角色。

（3）水在体温调节上有一定的作用。水是动物机体细胞的一种主要结构物质，在机体温度调节过程中也起着重要的作用。水具有高比热的特点，这使它成为散发各种代谢过程中产生的多余热量的理想物质。当1 g 液态水变为气态水时，大约2 427 J 的热量被释放。

（4）水是体内的润滑剂。体内一些关节囊液、浆膜液可使器官之间免于摩擦受损，且能转动灵活。眼泪、唾液也都是相应器官的润滑剂。

（5）水是世界上最廉价、最有治疗力量的奇药。

## 59. 水作为介质，在液态饲喂中的应用价值和意义有哪些？

水是猪一生中消耗最多的营养素。水对维持生命和发挥正常生理功能至关重要，没有水，生命只能延续几天。相对来说，我们只注重料的学问，但对水的学问探讨相对缺乏，研究很少。液态饲喂既应用了水的营养又结合了料的营养，达到真正意义上的全价料。水在液态饲喂中的营养价值主要体现在以下三个方面。

（1）改善可利用的营养成分，经过充分的浸泡使饲料中可溶性营养成分溶于水中，饲料混合均匀，适口性好，用液态料饲养生长育肥猪，其消化利用率可提高9.19%~12.08%。

（2）减少饲料对动物造成的环境应激，相对于干料、液态料中的水将粉尘溶解在其中，减少了空气中粉尘的数量，在一定程度上抑制了通过粉尘进行病菌传播，有效降低了猪呼吸道疾病的发生率。

（3）减少饲料对肠道的机械刺激。饲料加水变成粥状或液态后再进行饲喂，减少了对消化道的机械刺激。尤其是仔猪从哺乳到采食干料的过渡阶段，饲喂液态日粮，饲料形态变化较小，有利于消化道环境的相对稳定，也能促进消化酶活性的上升。

## 60. 液态饲喂中对水质有哪些要求？

水质要符合《无公害食品　畜禽饮用水水质》标准。合格的饮水要求达到无色、透明、无异味，每升水中大肠杆菌数不超过10个，pH值在7.0~8.5，水的硬度在10~20度等。为确保水质良好，猪场应该至少每年1次对猪的饮水质量进行监测。家畜饮用水质量安全标准指南见表21，关于其他离子的具体信息见NRC（2005）的报告。

表21　家畜饮用水质量标准指南

| 指标 | 推荐的最大值/$\times10^{-6}$ | |
|---|---|---|
| | TFWQG[a] | NRC[b] |
| 总可溶性固形物 | 3 000 | |
| 钙 | 1 000 | — |
| 硝态氮和亚硝态氮 | 100 | 100 |
| 亚硝态氮 | 10 | 10 |
| 硫酸盐 | 1 000 | — |
| 铝 | 5.0 | — |
| 砷 | 0.5 | 0.2 |
| 铍 | 0.1 | — |
| 硼 | 5.0 | — |
| 镉 | 0.02 | 0.05 |
| 铬 | 1.0 | 1.0 |
| 钴 | 1.0 | 1.0 |
| 铜 | 5.0 | 0.5 |
| 氟化物 | 2.0 | 2.0 |
| 铅 | 0.1 | 0.1 |
| 汞 | 0.003 | 0.01 |
| 钼 | 0.5 | — |
| 镍 | 1.0 | 1.0 |
| 硒 | 0.05 | — |
| 铀 | 0.2 | — |

续表

| 指标 | 推荐的最大值/×10⁻⁶ | |
|---|---|---|
| | TFWQG[a] | NRC[b] |
| 钒 | 0.1 | 0.1 |
| 锌 | 50.0 | 25.0 |

注：a. 美国水质监控专家组（1987）；b. NRC（1974）。

在水质差的地区，非常有必要评估它对动物生长性能的影响。生产者经常会过度担忧那些猪只生长性能没有受到损害而出现腹泻的情况。渗透压升高（如摄入的硫酸盐和其他一些矿物质增加）导致粪便含水量的增加（即“腹泻”），绝对与微生物感染和疾病导致的腹泻不同。但当水质较差导致生产性能降低时，有许多途径可以有效缓解这些问题。

氯化作用会杀灭和清除致病微生物，与细菌相比，原生动物和肠病毒对氯化作用的抵抗力强得多。水中亚硝酸盐、铁离子、硫化氢、氨以及有机物的含量会影响消毒的有效性和水中氯的添加量。水中存在的有机物会将游离氯转变为氯胺，氯胺的消毒作用会减弱。次氯酸钠和漂白剂（5.25%的氯溶液）通常被用于氯化消毒。水中的 pH 值越高，则达到相同的消毒效果所需要的氯越多。

为了应对水质的问题，日粮也需要做出一些改变。通常情况下，水中矿物质含量（TDS）较高的农场需要降低日粮中盐的含量。由于大部分日粮具有一定水平的安全阈量，日粮中的一部分盐即使不加也不会造成影响。但必须注意的是，要确保日粮中含有足够量的氯，因为品质较差的水中一般不会含有高浓度的氯。

硬水的水质可通过软化器得到改善。最常用的软化器是一个离子交换装置，可以用钠离子替换水中的钙和镁。由于这种方法处理后钠离子浓度会升高，所以，水的硬度虽然降低了，但对水的总矿物质含量（TDS）没有影响。反渗透装置在一定程度上可以去除水中的硫酸盐和硝酸盐。此外，除了要考虑水处理系统的有效性外，水处理系统的建设和运行成本也是决定在大多数养殖场能否使用水处理系统的重要因素。

## 61. 液态饲喂对水温有哪些要求?

猪的饮水和料的温度与猪的生长发育和健康有密切的关系。猪在夏天适宜饮用凉水，而在寒冷季节饮温水的效果较好；适宜的水温和料温可以促进猪的采食量，显著提高猪的日增重，降低腹泻率。特别是仔猪，当饮水温度低于体温时，不仅猪需用额外的能量来提高摄入水的温度，而且冷应激还会造成猪胃溃疡、消化不良等病症。经广西大学试验表明，哺乳仔猪饮用 37 ℃温水，比饮常温自来水的仔猪日增重多 39.4 g，头均耗料多 0.34 kg，腹泻率低 20%。寒冷季节水温对母猪也很重要，哺乳母猪若喂温度 0℃的水和料，每天需多耗 0.5 kg 的精料在维持体温上。冬季妊娠母猪喂冰凉水料，还易造成流产等不良后果。

冬季猪饮水的适宜温度为：生长育肥猪和妊娠猪 16~20 ℃，保育猪 25~35 ℃，哺乳母猪 25~28 ℃，哺乳仔猪 35~38 ℃。

## 62. 液态饲喂料水比的设计要求有哪些?

液态饲喂料水比的设计根据日粮配方结构和猪只日龄大小不同而变化，针对不同结构的日粮配方料水比设计要求不同，对小麦型日粮而言，由于小麦面筋含量高，黏性较大，要求相对高一些，不同日粮结构料水比设计如表 22 所示。

表 22　不同结构日粮配方料水比设计要求

| 项目 | 日粮组成 | | | | |
|---|---|---|---|---|---|
| | 小麦日粮 | 玉米-豆粕日粮 | 全非常规日粮 | 小麦-非常规日粮 | 玉米-非常规日粮 |
| 妊娠母猪 | 1∶(3~5) | 1∶(2.5~6) | 1∶(3~8) | 1∶(3~5) | 1∶(3~5) |
| 哺乳母猪 | 1∶(3~5) | 1∶(2.5~6) | 1∶(4~8) | 1∶(3~8) | 1∶(3~8) |
| 保育猪 | 1∶(3~5) | 1∶(2~5) | 1∶(3~5) | 1∶(2.5~6) | 1∶(2.5~8) |
| 育肥猪 | 1∶(4~8) | 1∶(3.5~8) | 1∶(5~8) | 1∶(4~8) | 1∶(3.5~8) |

注：所有日粮料水比均根据猪场实际情况而定，以能抽动、可以流通且能满足干物质采食量为标准。

# 六、液态饲喂设备及应用

## 63. 液态饲喂的固定投入回报率怎么样?

液态饲喂的固定投入分为三部分：混合设备投入、管线投入和漏缝地板的投入。目前，液态饲喂设备投资大致为简易液态饲喂设备投入 20～80 元/头、半自动化液态饲喂设备投入为 150～230 元/头、电脑控制液态饲喂设备投入为 280～350 元/头；特殊情况下还包括猪舍的改造费用，如漏缝地板的安装需要 60～80 元/$m^2$；安装管线也需要资金投入，特别是将养猪场已有的干/湿饲喂系统转换为液态饲喂系统。

来自 137 家养猪场超过 30 年的经验表明，每头猪的猪舍成本通常增加 9%～11%，设备折旧 10 年，折旧率 11%～13%。另外，升级通风系统将在以上基础上再增加 1.5%～8%的投资成本。

有投资自然就有回报，该数据同样表明：每头出栏肥猪的饲料转化率至少改善 0.1；或者，每吨育肥猪饲料可多提供可售猪肉 20～40 kg，这 20～40 kg 可售肉带来的收益即是回报。一套安装良好的管线饲喂系统可以使用 10～15 年，在此期间管线饲喂系统将处理数千吨饲料，每吨饲料再多产 20 kg 可售肉。将这些回报与总资金投入联系在一起，利润很可观。

除此之外，还有其他经济效益：①兽医、用药成本下降多达33%；②心情愉快、身体健康的员工留职时间会更长，且易于招聘新员工；③总体人工成本下降4%~6%，或者劳动力利用率更高；④猪舍年维护成本减少5%~9%（风扇和结构维护）；⑤自配混合饲料使生产成本最低，本身可使每吨饲料的成本降低18%（使用副产物时达25%）。

通过这些计算，液态饲喂系统很容易通过节省成本来抵消其投入。从20世纪90年代收集的数据显示，额外支出回报率为（2~6）：1（平均4.1：1）。

注：额外支出回报率是超出定额或范围内不在预算内所发生的资产流出效益的百分比。指投入的成本所得到的收益除以之前的成本，所得结果收益即为回报率。

## 64. 液态饲喂系统成本高吗？怎么选择合适的液态饲喂设备？

与当前的干料饲喂系统相比，建立在新科技上的液态饲喂系统成本可能要高出4~8倍。不过大部分成本可以包含在建筑成本中，包括地面处理和圈舍改建投资为10万~20万元，但这仍然是一笔令人生畏的投入。过去，转换为液态饲喂系统的最大阻碍是成本问题，现在依然是。如果一次性付清，确实昂贵，不过，现在比过去要便宜一些，但是投资成本仍将是一个让人仔细考量的问题。因此，表23所示的情况为经济上最坏情况假设，即使在这种情况下，回本的时间也才2.5年。所有使用液态饲喂的客户反馈的数据均没有超过3年，几个在已有建筑上改建液态饲喂系统的客户回本时间才15个月，在回本之后，每头猪节省的成本在30~40元，如果能够购买到充足的副产品原料，节省的成本则会更多。

**表 23　液态饲喂在生产性能和成本方面的优势**

| | 假设 | 干喂 | 液态饲喂 |
|---|---|---|---|
| 生产性能 | 日增重（g/d） | 754 | 796 |
| | 体重达 75kg 所需天数（d） | 102 | 96 |
| | 每批次天数（包括圈舍冲洗的时间） | 109 | 103 |
| | 年出栏生猪头数 | 6 697 | 7 087（+390） |
| 资金投入 | 全套饲喂系统（欧元） | 6 390 | 77 304* |
| | 生产成本**（欧元/kg 屠体） | 1. 19 | 1. 14 |
| 液态饲喂与干喂比较 | 节省生产成本（欧元/kg 屠体） | | 0. 05 |
| | 节省生产成本（欧元/头） | | 4. 25 |
| | 节省生产成本（欧元/年） | | 30 120 |
| | 每个猪位[a] 生产成本节约（欧元/年） | | 15. 06 |
| | 液态饲喂的投资回本期（年） | | 2. 6 |

注：*包括新基建成本 50 760 欧元，锤片式粉碎机加升降机安装成本 10 200 欧元，罐体、管线及饲喂器成本 16 344 欧元。

**成本包括断奶仔猪、饲料、人力、能源、水、垫料、死亡、废弃物管理及资金投入。建筑物利用年限 25 年，折旧率 6%。

表中的成本是根据 2009 年英镑与欧元汇率换算得到的。干喂数据源于一个 2 000 头养猪场，猪体重 30~105 kg，平均屠体重 77 kg，所用数据基于 Stotfold 的液态饲喂试验（4 个试验）。

a 猪位（pigplace），1 头猪所需占用的面积。

致谢：根据 MLC 的 Pinder Gill 博士和试验养猪场设备经理 Lisa Taylor（2002—2005）出版的综合且全面的著作推算。

事实上，如果有 100 家养猪场在使用液态饲喂，那么会有 90 家的养猪场是利用现有圈舍修建或改造而成的，并不需要重新建设。以 2010 年英国的物价来算，他们的成本投入是每个槽位 25~30 英镑。

液态饲喂设备的选择可依据猪场规模而定（彩图 6），以爱猪人生物科技股份有限公司的设备为例，不同规模猪场使用设备型号不同，猪只头数：500 头以下选择 100 型，500~1 000 头选择 120 型，1 000 头以上选择 170 型，还可以选择全自动型。

## 65. 液态饲喂设备必须是全自动的吗？

液态饲喂设备依据其自动化程度可分为全自动化饲喂设备和半自动化饲喂设备（简易设备）。

全自动化智能饲喂系统主要包括计算机控制和空气压缩系统、储料塔、储水罐（清水罐、废水回收罐）、带搅拌器的混合罐、混合罐和废水罐的电子称重装置、饲料泵、内置螺旋线的 PVC 饲料输送管道、阀门、下料口等。该系统由中央计算机全程控制，将上述各部分集成组装，分别以传感器与中央计算机相连，由计算机控制各环节的程序性运转（图 7）。

操作者根据每个下料口猪的数量、所选择的饲料配方和饲喂曲线、料水比、日饲喂次数，利用计算机算出每个循环的每次用水量和干料量。将废水罐中的水注入混合罐，不足部分用清洗各循环后的废水进行补充，根据饲料配方从各储料塔依次将粉碎后的原料定量放入混合罐，混合均匀的液态料由饲料泵泵出，经饲料输送管道送到各个下料阀，指令通过传感器控制，由压缩空气的排放时间长短来控制下料量，同时回收废水。每个工作周期即是一道完整的循环流程。

简易饲喂设备与全自动设备相比自动化程度较低，安装简便、资金投入较少，操作人员素质要求较低。简易设备主要由液态饲喂搅拌器、管道、料槽等部分构成。液态饲喂搅拌器在猪场进行液态饲喂中是一种不可缺少的设备，主要作用是将物料混合均匀，并将物料泵出进入输送管道。液态饲喂搅拌器为圆柱形结构，上下安装封头；搅拌类型有框式、浆式等。不同的饲喂数量、饲喂阶段，需要选择相应类型的搅拌器。

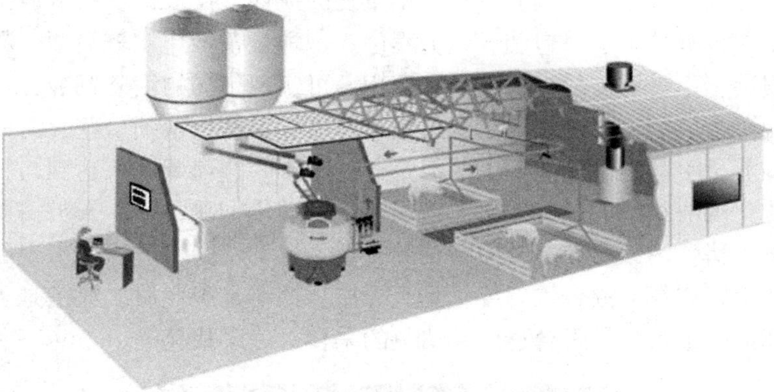

图 7　全自动化设备饲喂模式图

## 66. 目前国外、国内液态饲喂设备厂家有哪些？

国外液态饲喂设备厂家有丹麦的 Big Dutchman 和 ACO FUNKI。ACO FUNKI 总部位于丹麦海宁市，全球拥有 7 家分公司，其中中国分公司设立于上海市；德国 WEDA 公司是一家拥有 80 年历史的企业，WEDA 专注于养殖机械制造，其生产的液态料线系统、电子饲喂站、仔猪补奶系统等产品设计先进、工艺精良，实用性高，在众多国家享有盛誉。

国内液态饲喂设备生产厂家有河南隆港科技有限公司、河南爱猪人生物科技股份有限公司等。

## 67. 不同规模猪场如何运用液态饲喂系统降本增效？

不同规模猪场均可使用液态饲喂降本增效，只是采用的设备类型不同。

小规模猪场可使用简易液态饲喂设备（图 8），即半自动化液态饲喂设备，使饲养员从简单重复的搅拌、投喂饲料中解放出来，也减少了饲料包装、运输程序。这种设备操作比较简便，易安装，不需要支付高昂的设备费用即可实现猪场的液态饲喂，占用资金较少，只是相对于全自动化智能饲喂操作烦琐一些，需要饲养员手动控制饲喂开关。但是通过配方的合理调配可达到与智能化饲喂相同的饲养效果。正因是半自动化饲喂，饲养人员需要进入猪舍内参与控制，便于饲养管理人员发现饲喂过程中出现的故障，如料的混合均匀度，是否分层，饲料是否变质，料槽是否清洁，下料量是否合适以及猪只的采食、健康状况等。

图8 小规模猪场液态饲喂设备

大型规模化猪场可使用全自动化智能饲喂系统（图9）。一个计算机操作员即能够轻松操纵全场的饲料投喂，并消除了常规饲喂过程中饲养员拌料、投喂不均匀现象。液态料智能化饲喂系统为节约大量劳动力提供了可能，在荷兰，使用智能化饲喂系统，规模为 100~750 头母猪的猪场仅需雇员 1~3 人。虽然智能化饲喂系统投资成本高，但对于劳动量大，且饲喂阶段划分比较精细的大型养殖场来说，智能化液态饲喂系统很容易通过成本的节省来抵消其投入。

管线

计算机操作系统

气阀

料位

料槽

**图 9　大规模猪场液态饲喂设备**

## 68. 液态饲喂系统安装复杂吗?

液态饲喂系统安装并不复杂，但是要确保安装团队有安装资质且经验丰富。即使是最好的设备，安装不当也会带来麻烦。

一般情况下生产厂商都有自己的安装团队，设备购买以后由安装团队安装调试即可使用。特殊情况下是转包给第三方安装，这种情况下最好是生产厂商安排相关人员监督指导。如果是转包给没有安装资质的团队如当地的电工、水暖工时，要特别注意。

事实上，液态饲喂系统在使用过程中所出现的问题20%是发生在安装阶段，还有20%的问题则是由于自己安装的电路引起的。如养猪生产者本身很“精通”管道安装、焊接和机械设备，然而却抱有经验主义错误，想当然地认为自己能够安装好，但事实并非如此，安装好以后还需要做一定的调整，导致增加的成本比他不雇佣有丰富经验的安装团队而自行安装节省的人工费用还要多。

## 69. 液态饲喂系统(设备)主要包括哪些组成部分?

液态饲喂系统简易设备主要由液态饲喂搅拌器、管道、料槽等部分构成（图10）。

液态饲喂系统由送料机构、液态饲料混合搅拌机构、喂养系统和管路、猪舍管路、电气控制系统、上位机控制系统等组成。硬件结构详细介绍如下。

（1）送料结构：各种饲料放在料塔中，系统包含多个料塔。料塔配有电磁阀，打开料塔下的电磁阀，饲料从料塔内进入传输皮带，经过管道缓慢下落到制作罐中搅拌。送料结构示意如图11所示。

（2）混合搅拌结构：在两个制作罐中各配有一个搅拌电机、称重传感器，传感器信号将进入PLC的模拟输入模块。混合搅

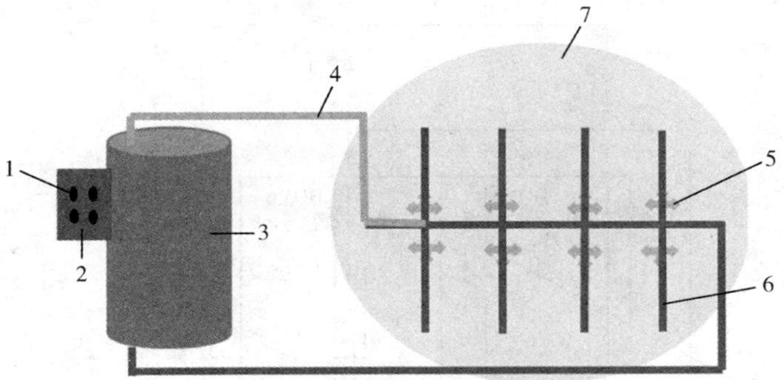


1. 按钮　3. 液体饲喂搅拌罐　5. 阀门　7. 猪舍
2. 开关　4. 回流管　6. 送料管

图 10　爱猪人液态饲喂系统简易设备模式图

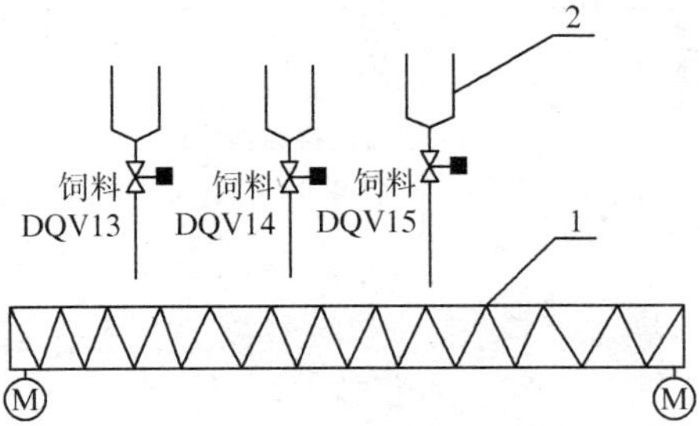


图 11　送料机构结构示意

1. 皮带；2. 塔料

拌结构示意如图 12 所示。

(3) 喂养系统：主要由临时罐、继电器和环形分配器等组成。其中临时罐内配有称重传感器。

(4) 猪舍管路：在每个猪圈中装有一个食槽，电磁阀控制管路给食槽供料。猪舍管路结构示意如图 13 所示。

(5) 电气控制部分：本设备电气控制系统是以工业上通用的 PLC 为控制核心。它由一个主控制柜和两个从控制柜并结合

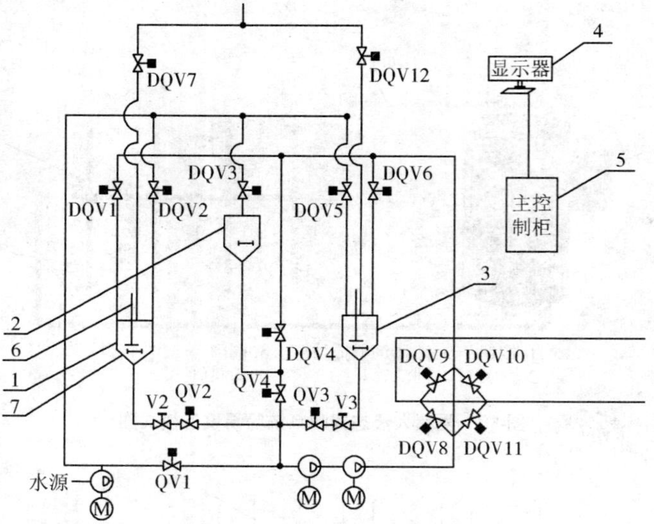


图 12　混合搅拌结构示意

1. 制作罐 1；2. 临时罐；3. 制作罐 2；4. 电脑；5. 主控制柜；6. 搅拌器；7. 称重传感器

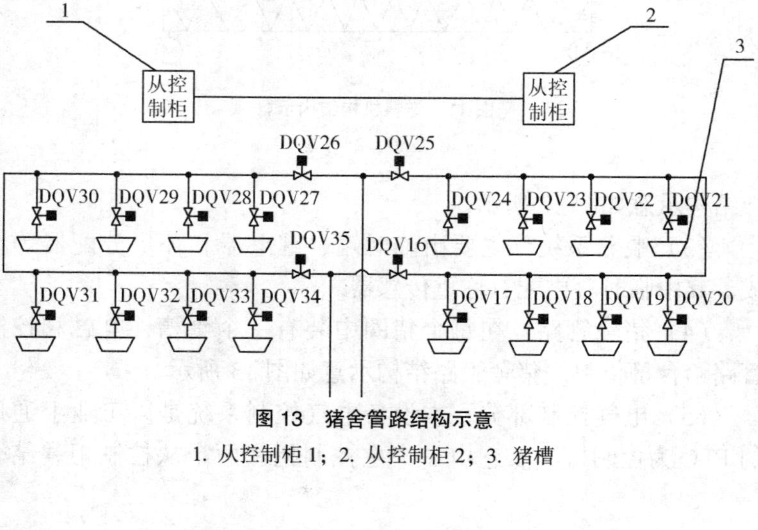


图 13　猪舍管路结构示意

1. 从控制柜 1；2. 从控制柜 2；3. 猪槽

相应软件、称重传感器及相应的执行元器件对喂养全程作业进行自动控制。

（6）上位机控制部分：上位机控制部分主要是在服务器上提供一个人机交互的界面，并且实现上位机和下位机 PLC 的通信。

## 70. 液态饲喂设备的使用寿命怎么样？

液态饲喂设备的使用时间比较长，一套安装良好的管线饲喂系统可以使用 10~15 年，国外的液态用户 Taymix 就使用了 27 年。不是所用的设备和配件都可以达到这么长的使用时间，也不是所用的设备在使用过程中都不会出现故障，在使用过程中应定期对设备进行检修和维护，以使其保持在最佳工作状态，才能延长设备的使用寿命。因此定期检修和维护是延长使用寿命的最好方法。

## 71. 液态饲喂设备是如何获取养猪大数据的？

在现场操作中，按生产需求将生产数据输入程序，经过预设定时运行程序，系统可按流程周期全程智能化运行。系统每天按计划任务定时启动，自动执行循环程序，无须人的参与，工作可以实现无人值守、无差错运行。系统靠传感器传递信息，能够灵敏、准确地将指令传达到各执行终端。同时，传感器还能够将系统中发生的随机故障信息反馈到主程序，为修理、排除故障提供智能诊断。智能软件还可以通过计算机与互联网对接，实现饲喂系统的远程监控，在需要时，官方的远程服务部门亦可依此进行售后服务和技术指导。智能软件可通过记忆功能将执行过的数据进行存储，客户可通过导出功能将大数据及时准确获取。系统循环中的数据指令靠传感器执行，由于传感器数量多，还存在老化的可能，灵敏性差异将导致下料与实际有偏差，需要通过观察校准，及时修正。

## 72. 自动控制软件如何实现人机交流?

人机交流软件：主要实现对饲料的记录和选择、猪舍中信息的管理和电控系统的参数设置。它还将根据设置的参数计算出每次喂养的总量以及其他的参数。该系统由主菜单（图 14）、饲料管理、猪舍管理和系统参数三幅界面组成，由命令键调入或退出。每幅界面设置数字输入框、信息输出框、按钮命令等，可将相应的命令、数据输送给 PLC，也从 PLC 读出相应参数或状态信息，以此实现人机交流。软件和 PLC 之间的通信通过程序内嵌 prodave. dll 动态链接库并调用其中的连接、读写、断开函数来实现。

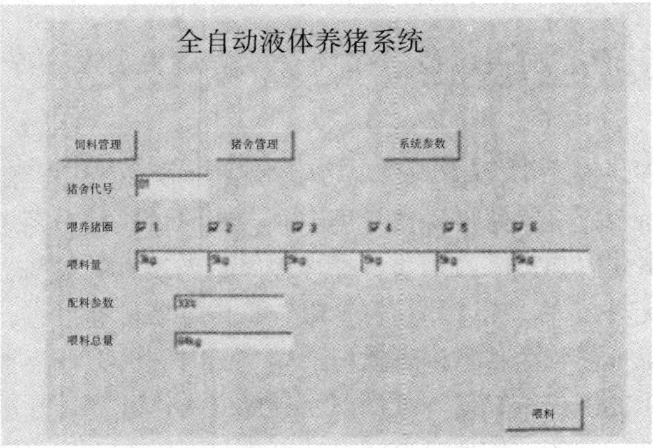


图 15　全自动液体养猪系统主界面

## 73. 自动控制软件如何实现系统监控?

系统监控软件（程序框图如图 15 所示）是控制系统的核心，

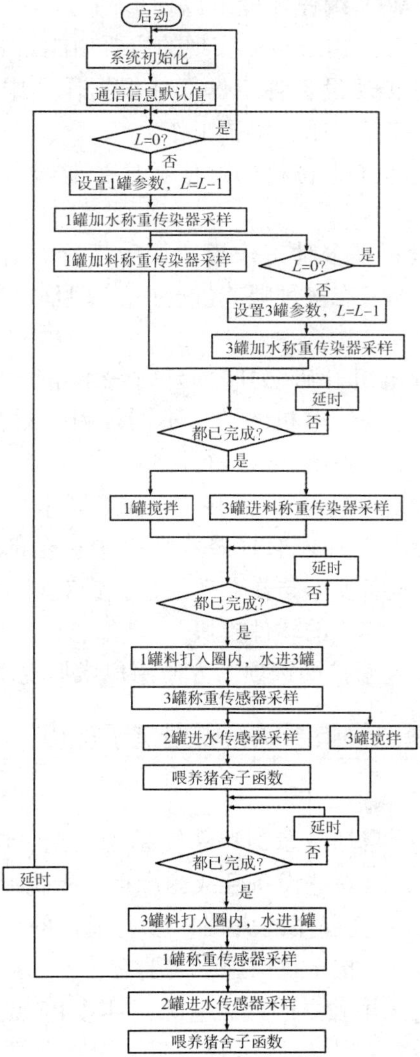


图 15　系统监控软件程序框图

在 Step 7-Micro/WIN 编程环境下以梯形图方法在 PC 机上编制，经调试编辑后下载至 PLC 机。实现的主要功能如下：

（1）软件可实现设备各工作部件根据作业中发生的不同状况而有机组合、按序启闭、协调工作。

（2）软件设置了上位机的通信程序，能够有序分配接收到的上位机的信息。

（3）软件设置了多种工作模式用于选择。有手动启动、全自动启动可供选择。有多种喂养供选择。并且软件设计了对于每个执行器的控制。

（4）考虑到电机开启/关闭的延时等继电器开启/关闭的延时、管道的长短不一、电机的功率不同等因素对精确性的影响，软件可通过上位机中系统参数进行调整，易于现场调试和测量。

（5）软件针对故障（如无料、无液、堵料、电源故障、电机参数设置不合理等）采取报警或最终中止全部工作等方式处理，保障人身、设备安全与作业效果。并针对料位、堵料等传感器不同功用编制了相应的软件模块。

（6）软件设置了扩展选项，方便用户增加规模。

## 74. 自动液态饲喂系统有哪些抗干扰措施和应急措施?

由于设计的全自动液态饲喂系统结构复杂、电磁环境恶劣、电压不稳定，此外，有些设备会成为严重的干扰源，如不采取措施，将造成 PLC 系统程序的失控，影响正常的作业。为此，在硬、软件上都采取了抗干扰措施，主要有：

（1）PLC 机采用独立的开关电源，且其 PE 点良好接地。

（2）接触器主触点跨接压敏电阻，消除电源冲击电压与电火花对弱电的影响。

（3）强电、弱电采用分开走线，间距 15 cm 以上。

（4）各传感器的信号读取后，采用在延时数秒内持续存在方予确认的方式，以剔除偶尔的干扰可能造成的数据误读，故而在软件中设置了堵塞延时、有料延时、无料延时等参数项。

（5）智能设备具有记忆功能，断电恢复之后，程序按照断电时的饲喂节点继续执行。

（6）无缝连接双回路供电或配备专用发电机。

## 75. 液态饲喂系统如何实现猪场饲料混合饲喂——饲料原料多样化和多阶段饲喂？

猪场专用饲料产生的最明显的问题是要求饲料生产商生产种类繁多的产品来应对猪不同阶段对营养水平的需求，实际上这可以利用液态料智能饲喂来实现。这个系统中，两种饲料被运送至猪场并放置在不同料仓中，一个料仓内放置的是高营养水平的饲料，另一个料仓中放置的是低营养水平的饲料，两者之间有一个小的预混料进料斗，将这两种主要饲料按照不同的重量比在搅拌罐中混合，每一家养猪场各自所需要的饲料都能在现场配制而成。还可以使用低成本的饲料原料——农副产品和食品加工副产品，节省的饲料成本更多。

当我们采用的阶段饲喂中仅分三个阶段即使用仅有三种营养水平的三种饲料，分别饲喂断奶仔猪、生长猪和育肥猪，这是非常低效的。多阶段饲喂，前期约五个阶段，后期约三个阶段，这是最理想的饲喂阶段划分。在猪的整个生长阶段中饲料的营养水平有30~50次变化，生产性能只有轻微的改善，但是粪污容量及氮磷的污染和总体饲料成本则可显著地降低。因为调整过后的饲料蛋白质利用更高效，使代谢所需要的水更少。对于一般的养猪场来说很难做到，但是对于液态料智能饲喂系统来说则可很轻松地完成如此复杂的工序（图16）。

图16　液态料智能饲喂系统在保育猪舍的应用

## 76. 液态设备的安装工艺流程有哪些？

液态饲喂管线、设备、阀门等的安装连接是一个复杂的系统工程，需要经过专业的培训或现场指导来完成，具体操作步骤如下所示。

（1）现场测量计算所需要的材料、现场沟通布局（结合猪舍布局和长远规划）。

（2）协助采购合理的材料，包括PVC管（规格 $\phi$50 mm×3 mm的MPa）、阀门、三通（图17）、弯头、胶水、接口（带螺纹的接口）、漏缝板、通槽等。

（3）安装及布局，按照横平竖直的原则管道内外满胶固定管线（阀门一定安装在与主管道同一水平线上），阀门距离地面不得超过1 850 mm，距离主管道不超过200 mm；搅拌设备距离猪舍10 m以内有助于提高饲料流速。

（4）主机通电后单机调试正反转，电源开关以简单安全为

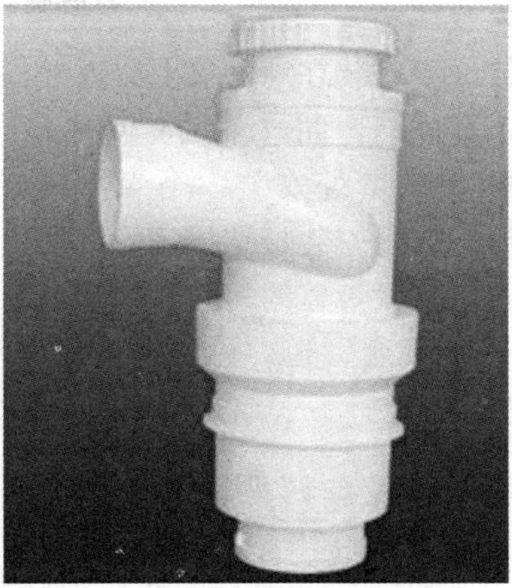

图 17　柔韧连接同层三通

主，不宜过多辅助（辅助电器越多故障频率越高）。

（5）安装期间需要厂方提供一人全程参与安装调试，为日常使用和维护积累经验。

## 77. 管线系统安装注意事项有哪些?

液态饲喂料线的布局设计要适应有严重霜冻和寒风的天气，在线路无下沉管线时，为防止管线的霜冻，饲喂结束后排空管线内的饲料即可；如果有下沉的管线，将管线中饲料排空以后还要做好管线的保温工作。

堵塞与饲料的泵送方向有关，向下泵送从表面上看是可行的，通过重力可以节省一些能源，或者可以增加远端猪栏内管线的压力，但饲料颗粒会聚集到直角或急坡的下端，除非饲喂完以后进行冲洗，并排空水分，否则会引起堵塞。而向上泵送就截然不同了，当液态饲料向上方冲击时，湍急的液体、固体混合物从下方冲击沉淀饲料，使其分散到上方的液体中，从而可以去掉任何因沉淀引起的隔夜堵塞。

除此之外，管线要安装在地面以上以方便检查和维护；水平运行的管线不要出现向下弯曲（下沉）（图 18）；管道如果有转弯的地方，每个直角转弯处安装一个牛津接口（Oxford union）配件，在管道直接转弯处安装带螺纹的十字形直角转弯，在主管道末端相对的位置有一段带盖的短管，当管道阻塞时可以将盖子拧开，便于使用通条疏通管道，可以降低直角转弯堵塞的处理难度。

## 78. 液态饲喂料线存料严重吗？

正常情况下，在液态饲喂过程中料线内是不会出现存料现象的。液态饲喂料线在安装管线时采用一定的坡度，并配合气泵、吹气阀以及相关参数设置，可将管内的料吹得干干净净，如图 19 为使用了一段时间后猪场的反馈情况。

图 18　部分管线安装图片

图 19　输送管道内无存料

如在使用过程中出现管内存料现象，请及时进行原因排查，并请相关人员协助解除存料困扰。

## 79. 冬季液态饲喂管线的防冻技术有哪些？

管线霜冻在液态饲喂过程中很少出现，但是一旦出现会造成很大的麻烦，所以管线布局的设计一定要能应对冬季寒冷的环境。对于无下沉管线的饲喂系统，在饲喂结束后排空管线内的饲料即可；如果有下沉的管线，做好保温工作即可。如果在裸露在外的管线上包 20 cm 厚的稻草作为保护套，再用塑料袋裹紧，这在温度低至-12 ℃、风速达 30 km/h 的大风天气可有效避免霜冻。另外可选择一些保温材料包在室外裸露的管线外围。

（1）橡塑海绵（图 20）：橡塑管道保温材料导热系数低，具有细致的独立气泡结构，无空气对流，完全闭孔结构，绝热效果良好持久，材料与水汽可完全隔绝。在 89 ℃以上，-60 ℃以下环境中不会起物质性变化，适合各冷冻工程项目保冷用途。橡塑管道保温材料不吸水，不凝露，使用寿命长，经过 SGS 检测，其实测值远远低于欧盟关于不含有毒物质的标准值，使用健康安全；外表柔软美观，易弯曲，施工方便快捷，而且不需要其他辅材。

（2）岩棉保温毡：岩棉保温毡（图 21）是以玄武石及其他天然矿石等为主要原料，经高温熔融，加入适量黏结剂加工而成，适用于贮罐容器和大口径管道的保温。岩棉保温毡具有优良的保温隔热性能，并且安装便利，节能效果显著，具有很高的性价比。总之，是一种导热系数低的优质管道保温材料。

（3）硬质聚氨酯泡沫塑料：硬质聚氨酯泡沫塑料（图 22）是一种新型高分子合成材料，它具有重量轻、比强度高、导热系数小、隔热性能好等特点。被广泛地应用于造船、建筑、石化、化工的工艺管道、设备和贮罐绝热保温保冷、军工科研、室内空调等，是一种运用很广的管道保温材料。

图 20　橡塑海绵

图 21　岩棉保温毡

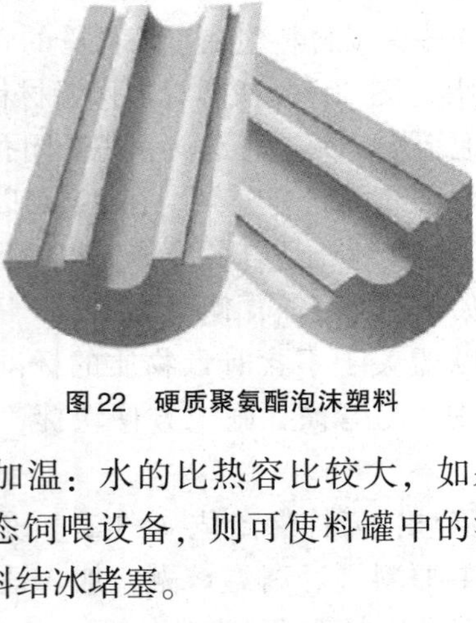

图 22　硬质聚氨酯泡沫塑料

（4）通过水加温：水的比热容比较大，如果选择能对水进行加温的恒温液态饲喂设备，则可使料罐中的液体处于恒温状态，有效避免饲料结冰堵塞。

## 80. 使用液态饲喂需要做出哪些观念上的改变？

液态饲喂和常规饲喂是两种不同的饲喂方式，因此对猪舍的要求也不是完全相同。在由干料饲喂改成液态饲喂时，猪舍需要经过一定的改造才能真正使液态饲喂的优势在整个饲养过程中显现出来。主要改造内容有如下几方面。

（1）通风设置：液态饲喂是一个增湿的过程，使用液态饲喂以后猪舍的通风通常需要由畜牧工程师来重新设计和规划，以避免圈舍内湿度过大，在寒冷的冬季更应该注意。由于要与准确的换气需求和猪舍的建筑设计相结合，每个采用液态饲喂的生长肥育舍建议的最大与最小通风速率通常是不确定的。但是在实际使用过程中这往往容易被忽略，这是通风的问题，不是液态饲喂系统的问题。

（2）圈舍的清洁与卫生：体重小于 25 kg 的猪肠道比较敏感，消化系统的功能还不是很健全。因此这一阶段的猪出现的问题相当多，如开始时食欲减退、吃料时浪费过多、干物质摄入量不足、垫料潮湿等。所有这些都是小猪特有的问题，是这一阶段猪的共性，不是液态饲喂特有的，但最终都可通过反复调整来控制，并通过改善保育猪的生活条件来得到妥善的解决。但是始终要做到的一点就是液态饲喂的小猪猪舍空气必须新鲜，料槽必须保持清洁。

# 七、猪舍规划与改造

## 81. 冬季液态饲喂系统中需要给水加热吗？怎么加热？

冬季都需要对液态饲喂系统中的水进行加热，只是加热的方式不同。目前常用的液态饲喂系统的加热方式有三种。

（1）安装热水器加热法：在液态饲喂系统安装时配备相应的太阳能热水器或燃气热水器，在饲喂时，将温水加入液态饲喂系统中直接进行饲喂。

（2）料罐盘加热线加热法：这种方法是赋予液态饲喂料罐一定的加热功能，在饲喂之前将水放入料罐进行加热，水温合适以后即可放入饲料开始饲喂。

（3）蒸汽发生器加热法：有的液态饲喂设备配置有相应的蒸汽发生器（图 23），冬季需要加热时，提前打开蒸汽发生器开关，观看压力表，显示有压力时，正常开机。饲喂时可使料温保持恒温，温度为 25～30 ℃。

## 82. 液态饲喂会增加猪舍氨气吗？

氨大多数由含氮有机物（粪、尿、饲料和垫料等）分解而来，通常情况下饲料中有部分营养物质未被机体消化吸收，这些

图 23　蒸汽发生器

物质在适当的温度和湿度条件下被微生物分解，产生大量的氨气。氨在猪舍内含量的多少，取决于猪舍的饲养密度、猪舍地面的结构、舍内通风换气情况、粪污清除和舍内管理水平等，其浓度低时为 4.56～26.6 $mg/m^3$，高者可达 114～380 $mg/m^3$。氨是溶于水的，所以湿度高的空气中氨含量浓度高。

研究表明，应用液态饲喂，其消化吸收率可提高 8%～12%，猪的粪便即相应减少。据 Gadd 资料，液态饲喂和干料饲喂对粪污体积的影响显示，液态饲喂粪污排放量小于干料饲喂。Barber 等人指出同一饲料的营养价值因料水比的不同而不同，随着料水比的升高潴留氮可从 1.49[($g/kgW^{0.75}$)/d] 提高到 1.74[($g/kgW^{0.75}$)/d]，从而使粪中氮的含量降低，在同等外界环境条件下料水比高的圈舍中氨气的产生量较小。

另外，猪舍里氨的含量与猪舍内温度、湿度、饲养密度、通风、粪便清理、猪舍管理有关，氨气的控制也要从这几个方面着手。要加强管理，及时清理粪便、污水等，保持猪舍清洁卫生，保证无污水积存，控制猪舍湿度。圈舍改造，猪舍地面用水泥漏粪板铺设，便于清理，安装刮粪机提高工作效率，降低劳动强度。

## 83. 液态饲喂对猪舍有什么特殊要求？怎么改造？

液态饲喂对猪舍的具体要求有以下几点。

（1）通风换气：液态饲喂过程中猪的饮水量加大，尿液量也会相应地增加，圈舍的湿度会增大。在设计猪舍时，更应该关注猪舍的通风换气设计，需要对通风系统做专业的检查。确定合理的通风换气量是做好猪舍通风换气最基本的依据，主要可以根据猪舍内产生的二氧化碳、水汽、热能计算，但通常是根据猪通风换气的参数来确定，我国猪舍的通风换气量技术参数如表24所示。

表24　猪舍通风参数表

| 猪舍 | 换气量[$m^3$/（h·kg）] | | | 气流速度（m/s） | | |
|---|---|---|---|---|---|---|
| | 冬季 | 过渡季 | 夏季 | 冬季 | 过渡季 | 夏季 |
| 空怀及妊娠前期母猪舍 | 0.35 | 0.45 | 0.60 | 0.3 | 0.3 | <1.0 |
| 种公猪舍 | 0.45 | 0.60 | 0.70 | 0.2 | 0.2 | <1.0 |
| 妊娠后期母猪舍 | 0.35 | 0.45 | 0.60 | 0.2 | 0.2 | <1.0 |
| 哺乳母猪舍 | 0.35 | 0.45 | 0.60 | 0.15 | 0.15 | <0.4 |
| 哺乳仔猪舍 | 0.35 | 0.45 | 0.60 | 0.15 | 0.15 | <0.4 |
| 后备猪舍 | 0.45 | 0.55 | 0.65 | 0.3 | 0.3 | <1.0 |
| 断奶仔猪 | 0.35 | 0.45 | 0.60 | 0.2 | 0.2 | <0.6 |
| 165日龄前育肥猪舍 | 0.35 | 0.45 | 0.60 | 0.2 | 0.2 | <1.0 |
| 165日龄后育肥猪舍 | 0.35 | 0.45 | 0.60 | 0.2 | 0.2 | <1.0 |

注：资料来源于《家畜环境卫生学》。

炎热的夏季，自然通风不能满足猪的需求，需要采用机械辅助通风，依靠风机强制进行猪舍内外空气交换，克服自然通风受外界风速变化、舍内外温差等因素的限制，依据不同气候设计理想的通风量和舍内气流速度。

（2）漏缝地板：使用全漏缝地板（图24）或者是半漏缝地板（图25）。对漏缝地板的要求是耐腐蚀，不变形，表面平，不滑，导热性小，坚固耐用，漏粪效果好，易冲洗消毒，适应各种日龄猪的行走站立，不卡猪蹄。具体结构与尺寸如表25所示。

图24　全漏缝地板

图25　半漏缝地板

表25 不同材料漏缝地板的结构与尺寸（mm）

| 猪群 | 铸铁 | | 钢筋混凝土 | |
|---|---|---|---|---|
| | 板条宽 | 缝隙宽 | 板条宽 | 缝隙宽 |
| 仔猪 | 35~40 | 14~18 | 120 | 18~20 |
| 育肥猪、妊娠猪 | 35~40 | 20~25 | 120 | 22~25 |

注：资料来源于《猪生产学》。

（3）栏位大小：小栏饲喂改为大栏饲喂。通常情况下保育仔猪每栏饲喂猪只头数为10~20头，液态饲喂条件下一般饲喂30~60头；可将两个相邻且共用一个通槽的两个猪栏打通，既节省空间又增加仔猪的活动场地。育肥猪栏也可同样效仿。

## 84. 液态饲喂对料槽设计有什么要求？

液态饲喂在料槽和料位设计上均与常规料槽和料位的设计有所区别，液态饲喂料槽设计要求如下。

（1）方便排水，料槽的两端分别设置排水装置，留有排水阀或排水挡板，便于猪每餐都能采食新鲜饲料。

（2）双栏猪共用一个“长形”料槽（图26），区别于常规料的单栏单排“长形”料槽。

（3）目前阶段液态饲喂料槽类型有三种，分别为不锈钢材质料槽（图27）（价格较高）、铁料槽（图28）（价格居中，但使用时间不长）和水泥垒砌料槽（图29）（无法带猪施工），不锈钢料槽和铁料槽在设计时要有挡板，水泥垒砌料槽（内部设置剖开的PVC管）内部装料部位要光滑，以防饲料藏于水泥缝中霉变。

图 26 双栏共用“长形”料槽

图 27 不锈钢料槽

图 28 铁料槽

（4）料槽要设置成水平面或稍有 10°角的倾斜。料槽设置成水平面时，可以保证料槽各个料位上的饲料量是相等的，为猪只采食量一致提供基础保证，但是饲料在料槽内有残留不便于清洗；设置成稍有 10°角的倾斜时，如果饲料在料槽内有残留会存

图 29　内置 PVC 的水泥料槽

留在位置较低的那部分而不是整个料槽，便于清洗。

## 85. 液态饲喂对料位的设计要求有哪些？

目前液态饲喂常用料位的设计有两种类型。

（1）竞争性饲喂设计原则：要求 10 头猪 7 个料位，育肥阶段料位的长度为 30 cm，宽度为 30 cm，高度为 25 cm。采用分次饲喂，每次饲喂之后预留 1/3 的料以供猪采食。这样可以使猪进行竞争性采食，提高猪只采食量的同时，增加猪的活动量；但是猪群中占优势地位的猪会先采食，原本处于劣势地位的猪只能在优势猪之后采食。料位对比见图 30。

（2）自由采食饲喂设计原则：要求 1 头猪 1 个料位，采用分次饲喂，每次饲喂之后不留余料，每天饲喂 4 次。这种设计可以保证栏舍中所有猪同时采食，均有机会采食到同等数量的饲料，不存在竞争性；但这样猪的采食积极性不高、散漫、采食时间延长，料槽内易有余料。

竞争性料位设计

自由采食料位设计

图 30　竞争性料位设计与自由采食料位设计对比

# 八、液态饲喂方法及注意事项

## 86. 液态饲喂还需要额外饮水吗？

液态饲喂虽然含有70%~80%的水分，但仅是一种运送大体积饲料的物理方法，并不能替代饮水，仍然需要额外提供新鲜饮用水。猪对水的需要量因个体的体重、生长速度、舍内温度和健康程度而有所不同。干料饲喂时育肥阶段10~20头的猪栏至少需要配置2个饮水器，但是，在液态饲喂系统中，每10~20头猪配1个单独的饮水器就足够了。若是没有饮水器，饲喂后可以在料槽中适量加入清洁饮水。

## 87. 料水比怎么控制？

液态料饲喂时如何选择合适的料水比例也是需要重点关注的问题。料水比因季节和猪只大小而不同，一般冬季较夏季料水比低，不同生长阶段猪只饲料中水的比例育肥猪>保育猪>断奶仔猪。

试验报道的有1∶2.5~1∶6，具体要根据饲料类型和动物生长阶段及季节等来决定。有资料显示（Brooks等，1984），仔猪断奶后其采食饲料中的料（2种商品料）和水的比例有一定规律，如表 26 所示。当水太少时不足以完全浸泡饲料，当水太多时影响干物质的摄入。所以液态料的料水比在 1∶2.5～1∶5 似乎更接近仔猪的生理需要。

表 26　仔猪断奶后摄取饲料和水的比例规律

| 断奶后时间（周） | 饲粮 A | 饲粮 B |
|---|---|---|
| 1 | 1∶4.3 | 1∶4.0 |
| 2 | 1∶3.2 | 1∶3.5 |
| 3 | 1∶2.9 | 1∶3.6 |
| 4 | 1∶2.8 | 1∶3.7 |

断奶至 15 kg 应采用 1∶2.5 或 1∶3 的料水比，需设置饮水器。此阶段料水比过大，猪的干物质采食量会不足；料水比过小，断奶过渡时间会延长。15～30 kg 体重时应采用 1∶3～1∶3.5 的料水比，且应额外设饮水器；30～100 kg 体重时应采用 1∶4～1∶4.5的料水比，设饮水器；100 kg 以上的猪料水比应设为 1∶3～1∶5。

## 88. 液态饲喂系统使用中有哪些注意事项？

尽管液态饲喂有很多优势，但是如果不注意饲喂过程中的细节，这些优势也很难发挥出来，甚至会给猪场带来一定的损失。因此在使用过程中应特别注意以下几点。

（1）避免霉变。使用过程中，为了避免霉变，应保证混合罐、废水罐、料管、料槽无剩余饲料。

（2）克服饲料分层。液态料由于各组分比质量差异大，容易分层，管道输送过程中如果分层明显，各下料口饲料营养水平差异将会增大（彩图 7）。除此之外，还必须将固态原料精细粉碎后与悬浮剂同时使用才能避免传统液态饲料沉淀、分层，保证液态饲料质量均匀地进入猪的口中。

（3）避免管道堵塞。在饲料加工时，要尽量保证饲料颗粒直径相近，并设置合理料水比例，另外要安装高质量的气动控制阀门，设计科学合理的工艺。

（4）不同阶段猪只液态料操作难度不同。妊娠母猪使用液态料系统容易操作，其次是育肥猪、哺乳母猪，最难操作的是保育猪，使用越困难，越有挑战性，但成功使用带来的效益也最大。

（5）在采用液态饲喂的同时应始终保持有饮水供应。液态饲喂仅是一种运送大体积饲料的物理方法，并不能代替饮水。据估算，生长猪（30~40 kg 体重）和非泌乳成年猪（157 kg 体重）对水的需要量约为 120 mg/kg 体重。事实上，一些可饲用的工业副产品本身是致口渴物质，因此，补充水是绝对必需的。

（6）选择液态料饲喂系统质量较高的设备厂家，末端食槽饲料均匀度可以达到95%以上，每个控制阀喂料准确度液态料可达 300 g 以内，干物质可达 100 g 以内，并且可以远程控制操作。

## 89. 怎样规范操作液态饲喂系统？

液态饲喂系统包括液态饲料、液态添加剂和饲喂设备（彩图8）三大部分，规范操作液态饲喂系统需做到以下几点。

（1）对液态饲喂的认同。猪场推行液态饲喂，上下同欲者胜，猪场老板、场长、饲养员、设备维保人员必须要有统一的理念。一线饲养员需要培训，掌握液态饲喂的技能。简而言之，液态饲喂设备只有愿意用、能用、会用、用得好，才能产生理想效益。

（2）正确操作。①使用前先确认电源是否安全通电，电压是否符合标准（220 V 或 380 V）；②电柜保持关闭上锁状态；③计算要使用的饲料量和用水量；④加水（注意水温），水量应在预定范围之内；⑤开启循环泵、搅拌机、开启上料机；⑥依次投入次粉、面粉、饲料、玉米等，在工作中不得把身体的任何部位伸入上料蛟龙，不得把木棍、铁棒等伸入蛟龙，以免毁坏设备和发生人员安全事故；⑦投料完成30 s后关闭上料机电源；⑧投料完成后搅拌3 min开始开阀门饲喂，在饲喂过程中搅拌电机和循环泵不得停止，否则会造成管道堵塞；⑨饲喂完成后用50~100 kg水加液态宝冲洗管道，冲洗的水放入料槽供猪饮用；⑩开启料罐下面的排水阀排尽料罐的残留料，以免饲料沉底吸水造成下次饲喂时管道堵塞；饲喂完成后关闭所有电源，以免他人误操作损坏设备或出现危险。

（3）设备维保。猪场要有自己的专职设备维保人员，在很多猪场，这一工作是由场长、电工或其他人兼任的。如果猪场规模小，也可以在猪场附近找一个兼职的设备维修人员。

（4）现场管理。搞好猪场的8S，即持续做好整理（seiri）、整顿（seiton）、清扫（seiso）、清洁（seiketsu）、素养（shitsuke）、安全（safe）、节约（save）、学习（study）工作，让猪场彻底告别脏乱差。魔鬼藏在细节当中，细节做好了，可以消除很多现场管理的隐患。智能液态饲喂设备就好比是一辆宝马，脏乱差的猪场就是土路、泥路、烂路，再好的车也跑不起来。老板和场长应多下猪场一线，自动化也好、智能化也好，不管未来科技如何进步，猪场如何现代化，走动管理、多进猪舍观察都是养好猪的必要条件。

（5）配套的激励机制。智能液态饲喂设备投入使用后，员工的劳动强度降低了、自动化、智能化程度提高了。员工由原来繁重的体力劳动转为需要技能的技术劳动，实际上对员工的要求高了，如何激励一线员工接纳使用是推行液态饲喂的核心问题之一，最有效的方法就是让员工共同分享液态饲喂所带来的收益。比如，成活率高了，交猪数多了，饲料浪费减少了，这些能影响猪场财务的指标，要直接与一线员工的收入挂钩。

(6) 行为规范。员工要有必要的行为规范，要防微杜渐。

## 90. 液态饲喂对人员综合素质的要求有哪些？

(1) 学习能力。在使用液态饲喂过程中出现的问题有很大一部分是可以避免的，问题之所以出现得如此之多，是采用液态饲喂之前准备工作做得不够充分，对设备不了解。这与养猪生产中任何全新生产方式一样，在开始使用之前应自己进行研究，要花时间去考察、比较、咨询、争论或协商。液态饲喂技术已经有40多年的使用经验，很值得参考借鉴。这就要求操作人员有上进心，具备一定的学习能力。

(2) 文化素质和责任心。液态饲喂系统智能化程度高，要求操作人员具备一定的文化素质基础，通过操控饲喂软件来完成整个饲喂过程。使用前需要先对饲养人员进行培训，确保饲养员能够正确地使用设备，合理饲喂。最好是有使用手册和专业的售后服务人员指导。饲喂过程需要专人负责，专人操作，这样可以有效地防止硬件意外损坏，保证系统正常运行。

(3) 技术精湛。液态饲喂需要技术精湛且训练有素的优秀员工，在液态饲喂过程中，进行严格的清洁是很必要的，且需要采用新鲜、少量、多次的饲喂方式，对饲喂技术要求高于常规饲喂。

## 91. 如何从固态饲喂过渡为液态饲喂？

从颗粒料或者是粉料过渡至液态料一般需要7 d，具体过渡步骤需要参考爱猪人液态饲喂七步骤进行。液态饲喂七步骤包括保育阶段、育肥阶段、母猪阶段，详细步骤以爱猪人液态饲料为例进行阐述（表 27~29）。

表 27 爱猪人高效液态饲喂七步骤（保育阶段）

| 步骤 | 料配比 | 料水比 | 饲喂次数（次/d） | 水温（℃） | 注意事项 | 饲喂方式 |
|---|---|---|---|---|---|---|
| 第 1 步 | 活力 30% 配成的全价料 +1/2 教槽料 | 1∶3 | 6 | 30 | 少量，不余料 | 先加爱猪人活力 30，教槽料撒入 |
| 第 2 步 | 1/2 爱猪人活力 30+1/2 教槽料 | 1∶3 | 6 | 28 | 少量，不余料 | 先加爱猪人活力 30，教槽料撒入 |
| 第 3 步 | 2/3 爱猪人活力 30+1/3 教槽料 | 1∶3 | 6 | 25 | 少量，不余料 | 先加爱猪人活力 30，教槽料撒入 |
| 第 4 步 | 2/3 爱猪人活力 30+1/3 教槽料 | 1∶3 | 6 | 25 | 1/4 余料，不超 1 h | 爱猪人活力 30 即将采食完，加教槽料 |
| 第 5 步 | 3/4 爱猪人活力 30+1/4 教槽料 | 1∶3 | 6 | 25 | 1/4 余料，不超 1 h | 爱猪人活力 30 即将采食完，加教槽料 |
| 第 6 步 | 3/4 爱猪人活力 30+1/4 教槽料 | 1∶3 | 6 | 20 | 1/3 余料，不超 1 h | 爱猪人活力 30 即将采食完，加教槽料 |
| 第 7 步 | 爱猪人活力 30 | 1∶3 | 6 | 15 | 1/2 余料，不超 1 h | 体重达 9~10 kg，完全饲喂爱猪人活力 30 |

注：①预防仔猪腹泻，饲料可以添加土霉素 100~200 g/t 或利高霉素 1 kg/t 或金霉素 2 kg/t，连续添加 5~7 d。②降低转群应激，仔猪断奶转群 2 h 之后饲喂，少喂。③注意过渡方法，爱猪人活力 30 按照料水比配比搅拌均匀之后，饲喂，然后撒入教槽料。

表 28　爱猪人高效液态饲喂七步骤（育肥阶段）

| 时间 | 饲喂方法 |
| --- | --- |
| 第1天 | 黄粉+爱猪人 F15 按 1∶8 料水比饲喂，4 次/d，每次少量（不余料） |
| 第2天 | 黄粉+爱猪人 F15 按 1∶6 料水比饲喂，4 次/d，每次少量（不余料） |
| 第3天 | 黄粉+爱猪人 F15 按 1∶5 料水比饲喂，4 次/d，每次少量（不余料） |
| 第4天 | 一半黄粉一半次粉+爱猪人 F15 按 1∶5 料水比，3 次/d，余料不超过 1 h |
| 第5天 | 一半黄粉一半次粉+爱猪人 F15 按 1∶4 料水比，3 次/d，晚上料槽保证有 1/3 余料 |
| 第6天 | 次粉+爱猪人 F15 按 1∶4 料水比，3 次/d，晚上料槽保证有 1/3 余料 |
| 第7天 | 次粉+爱猪人 F15 按 1∶4 料水比，3 次/d，晚上料槽保证有 1/3 余料 |

注：①前 7 d，防腹泻，饲料添加土霉素 100~200 g/t 或利高霉素 1 kg/t 或金霉素 2 kg/t。7~15 d，防治呼吸道病（根据猪场情况自行加药）。②上表内容为冬秋季节饲喂七步骤，与夏春季节相比不同之处为晚上料槽余料量的掌握与控制，以及料水比的控制。

表 29　爱猪人高效液态饲喂七步骤（母猪阶段）

| 步骤 | 分娩天数（d） | 料水比 | 饲喂次数（次/d） | 喂干料量（kg/d） | 液态料量（kg/d） | 饲喂方式 |
| --- | --- | --- | --- | --- | --- | --- |
| 第1步 | 0 | 1∶(3.6~4) | 4 | 0~1.5 | 6 | 分次饲喂，清理料槽 |
| 第2步 | 1 | 1∶(3.6~4) | 4 | 3 | 12 | 分次饲喂，清理料槽 |
| 第3步 | 2 | 1∶(3.6~4) | 4 | 3.5 | 14 | 分次饲喂，清理料槽 |
| 第4步 | 3 | 1∶(3.6~4) | 4 | 4 | 16 | 分次饲喂，清理料槽 |
| 第5步 | 4 | 1∶(3.6~4) | 4 | 4.5 | 18 | 分次饲喂，清理料槽 |
| 第6步 | 5 | 1∶(3.6~4) | 4 | 5 | 20 | 分次饲喂，清理料槽 |
| 第7步 | 6 | 1∶(3.6~4) | 4 | 每天增加 0.5~1 | 每天增加 2~4 | 直至第 10 d 自由采食 |

注：以 10 头仔猪为标准，每增加 1 头仔猪，饲喂量增加 0.5 kg。

## 92. 冬季使用液态饲喂系统应该注意什么？

冬季使用液态饲喂系统应注意以下三点。

（1）管线要有防冻装置。液态饲料与常规饲料不同，水分含量较高，在寒冷的冬季管道内如果有残留液体没有排出，就容易出现结冰现象。如果管道内出现结冰则液态饲喂系统就无法正常运转，会打乱猪场饲喂秩序，使猪无法正常采食，增加饲养管理人员的工作量，因此要做好管线的防冻措施。如果装置采用了防霜冻和防寒风的设计，霜冻问题就很少会出现（具体参考冬季液体饲喂管线防冻技术）。

（2）水温。特别是保育阶段仔猪水温要求在 30 ℃左右，详情请参考液态饲喂对水温的要求。

（3）通风与保温。寒冷的冬季一般都只注意到保温，为了使猪舍内的温度尽可能地升高，一些养殖场会忽略通风的重要性。这样猪舍温度是上来了，但舍内空气质量却很差，甚至到了饲养员都不愿在猪舍多待的地步，可想而知，在这种情况下猪舍内的猪是不可能快速生长的。因此在保温的同时也要注意通风（图 31）。

## 93. 夏季使用液态饲喂系统应该注意什么？

夏季使用液态饲喂系统应注意以下三点。

（1）防止饲料发霉变质。液态饲喂过程中饲料的发霉变质可能出现在三个阶段，分别是饲料采购、存储过程、液态饲料饲喂过程。

采购劣质饲料原料不可能生产出优质的饲料成品，所以选择优质饲料原料并保持其质量是制作优质动物饲料至关重要的环

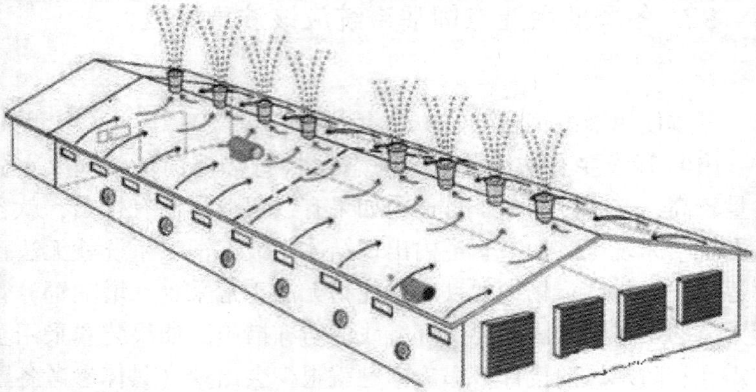

图 31　冬季猪舍通风示意

节。应从源头把控，严禁霉变饲料入库、入仓。

饲料的存储过程应注意三点：①注意原料的堆放与储存，饲料仓库宜建在地势较高、地面平坦、有一定坡度并利于排水、地下水位不太高、利于通风的场地，仓库内必须保持干燥、通风。②原料堆放时，地面要铺垫防潮物（如垫木条等）。③饲料经粉碎、混合、提升等加工过程后，温度会升高，所以，要待冷却后再堆放储存。

液态饲料的饲喂过程中应注意三点：①液态饲料在搅拌罐内存放时间不宜过长，如想在混合罐中发酵或预处理应加入相应的发酵促进剂保证良好发酵。②每次饲喂量适宜，料槽中不要有太多的余料，以每次饲喂后料槽内余料于 1 h 内采食干净为宜。③饲喂过后对管线及时清理（详细内容参考液态饲喂系统预防霉变措施及清洗与消毒）。

（2）通风与换气。猪舍的通风和换气是猪舍环境控制的第一要素。其目的有两个：①在气温比较高的夏季通过加大空气流动促进猪体的散热使其感到舒适，以缓解高温对猪只的不良影响；②可以排除猪舍中的污浊空气、微生物和有毒有害气体，防止猪舍内潮湿，保障舍内空气清新，改善猪舍空气环境质量（图32）。

图 32　猪舍通风口

（3）防暑与降温。高温对猪的健康和生产力的发挥会产生负面影响，尤其是对育肥猪和母猪的影响更为明显。在夏季，围护结构隔热、建筑防暑和绿化措施不能满足猪的要求，为避免或缓解因热应激而引起的健康状况的异常和生产力下降，可采取必要的防暑设备与设施，以增加通风换气量，促进对流、蒸发散热或直接利用制冷设备降低猪舍内空气或猪体的温度。

## 94. 液态饲喂会造成饲料霉变吗？怎么避免？

饲料霉变是猪场中一个隐蔽性问题。液态饲料不仅有利于猪的消化，同时也是微生物赖以生存的优质培养基。像酵母菌、霉菌、乳酸菌和大肠杆菌都是液态饲料中的常见微生物。若这些微生物超过一定的数量，则会降低饲料适口性、饲料吸收率，同时也会产生有害的代谢产物，最终导致生产成绩的下降，诸如腹泻等的患病率和致死率增加等。在液态饲喂过程中，可通过以下方法有效避免饲料霉变。

（1）合理控制饲喂量。计算液态饲料适宜的单次饲喂量是液态饲喂过程中管理的关键步骤。液态饲料不能长时间保留于食槽中，以免有害微生物繁殖从而污染新鲜的饲料。保持合适的单次饲喂量可有效避免饲料污染变质。

（2）利用液态饲喂系统专用液态宝进行管线清理和消毒。有机酸能够有效控制液态猪饲料里的霉菌和细菌。液态宝中含有多种有机酸，且每种有机酸特性不同；用液态宝清洗液态饲喂系统不仅可以消除管道中的饲料残渣、微生物，还能起到生长促进剂的作用。具体操作步骤：将溶液泵入饲料罐并用液态饲料稀释溶液，直至酸化剂溶液的最终浓度为 0.3%，然后将采用酸化剂处理过的液态饲料喂养生猪。液态宝清洗管道对比如图 33 所示。

**图 33　液态宝清洗对比**

上为普通清洗的管线，下为液态宝清洗的管线

## 95. 怎样对液态饲喂管线进行消毒和清理？

任何饲料浸泡在水中都能发酵，这是因为这些原料中存在天然的菌落，所以管道系统中的微生物存在是在所难免的。只有清洗和消毒才能保持饲喂系统的清洁卫生，保证饲料不被污染。

（1）清洗。在每一个饲喂循环完成后，都应用清水对饲喂管道进行清洗，然后再进入下一个饲喂循环；清洗管线的水排放到大猪料槽中，让猪饮用。也可直接选择具有清洗功能的液态饲喂设备（图34）。

图34　设备冲水清洗

（2）消毒。每天饲喂过后放少量的清水，加入液态饲喂系统专用液态添加剂液态宝对设备周围和管线进行彻底消毒和清理，清除管道内的饲料残垢和细菌。冲刷后的水排放到大猪料槽中。每月对所有管道进行一次碱清洗，以杀灭饲喂系统中管道内残留的有害细菌。

这些措施可有效杀灭系统运行环境中的病原微生物，清洁饲料运输设备，同时避免长时间存留在管道中的饲料残渣发霉变质，减少饲料的损失，保证饲料的新鲜。

## 96. 液态饲喂系统中后期猪有时会出现过肥问题，原因是什么？怎么解决？

从吃干料转换为吃液态饲料以后会出现猪过肥的现象。这会对液态饲喂使用者产生困扰，但这些困扰可通过一些有效的措施解决掉。猪出现过肥主要是因为液态饲喂使猪对饲料的消化吸收率提高，在采用液态饲喂以后猪采食的饲料的营养水平与其生长所需营养水平不相符。

（1）精确日粮配方。液态饲料中应用的非常规饲料原料质量不稳定，成分差异大，例如工业和食品业的副产物组成及含量随产品生产批次和厂家的不同有不同程度的变化，因此配方必须精确，保证饲料中营养成分的稳定。

（2）适时调整配方。就相关问题咨询营养师，通过调整饲料的营养浓度，使猪所采食饲料中的营养与猪的生长阶段相适应。

（3）采用科学合理的饲喂方案。采取相应的限量饲喂，一是对营养平衡的日粮在数量上予以控制，即每次饲喂自由采食量的70%~80%，减少饲喂次数；二是降低日粮的能量浓度，把纤维含量高的粗饲料配合到日粮中去，以限制其对养分特别是能量的采食量。三是增加饲料中蛋白质的含量，提高饲料中的蛋能比，从而增加猪的瘦肉沉积，减少脂肪沉积。

# 九、疫病防控

## 97. 液态饲喂通常发生的疾病有哪些？

液态饲喂系统有很多优点，可以降低某些疾病的发生概率，但并不能完全防止饲养过程中疾病的发生与蔓延。在养殖过程中常见的疾病有如下几种。

（1）呼吸系统疾病，如肺炎、支气管炎。

（2）消化系统疾病，如仔猪消化不良、肠炎。

（3）繁殖系统疾病，如难产。

（4）四肢及其他疾病，如母猪肢蹄病。

（5）传染性细菌性疾病，如猪链球菌病、猪副伤寒、猪大肠杆菌病、猪喘气病等。

（6）传染性病毒性疾病，如猪口蹄疫、猪瘟、猪繁殖与呼吸综合征。

## 98. 保育仔猪液态饲喂的常见疾病有哪些？怎么防治？

（1）幼畜消化不良：幼畜消化不良是由于消化障碍或胃肠感染所致的以腹泻为主要特征的疾病。一年四季均可发生。

**【病因】** 本病主要由以下原因引起。

1）饲养不当是仔猪腹泻的主要原因。孕猪产前或产后喂蛋白性饲料如豆类过多，乳汁中蛋白质含量过多，容易致仔猪消化不良。母乳不足，仔猪过早地采食饲料，或者人工哺乳不定时、不定量，温度不合理等均可能成为诱发因素。

2）管理不当，如气温降低，大雨浇淋，圈舍潮湿阴冷，以及仔猪久卧湿地等，都是仔猪发生腹泻的常见原因。在液态饲喂过程中，猪只的饮水量增加，尿液排泄量也会相应增大，圈舍不注意通风或不采用漏缝地板，易引起圈舍潮湿，仔猪在潮湿的地面卧的时间过长，是引起消化不良的主要原因。

3）胃肠道感染，如仔猪舔食粪尿，饲喂用具污染不洁，母猪在患乳腺炎、胃肠炎、子宫内膜炎等过程中均可感染。

4）仔猪消化器官的结构和功能不够完善，如消化液分泌少，消化酶活力低等原因。

**【临诊症状】** 腹泻是本病的主要症状，轻症仔猪，排淡黄色、灰黄色粥状或水样粪便，臭味不大或有酸臭味。股部、肛门周围、跟骨上端粪汁污染。重症或由感染所致的腹泻，排腥臭或有腐败臭味的粥状或水样粪便，内混有乳瓣、黏液、血液或肠黏膜。

全身症状较轻的，即由饲养管理不当所引起的单纯性消化不良。患病仔猪精神稍沉郁，食欲减退，被毛蓬乱，体温、脉搏、呼吸一般无明显变化，个别的体温稍升高。重症的多由感染或对轻症的治疗不当引起，不仅腹泻剧烈，全身症状明显，精神沉郁，食欲废绝，有轻度腹痛，表现不安，喜卧于地，体温升高至 40 ℃或以上。

**【诊断】** 仔猪腹泻的诊断，根据病史及临诊表现，便可做出诊断。必要时进行粪便的细菌学检查。

**【防治】** 本病的治疗原则，轻症的主要是调整胃肠功能，重症的则着重抗菌消炎和补液。

1）护理消除病因，供给易于消化的饲料。对仔猪加强管理，圈舍要清洁卫生，干燥通风。仔猪要适当运动，多晒太阳，防止久卧湿地。随时清扫粪便，防止仔猪舔食污物。

2）调整胃肠功能。为了恢复胃肠功能，可服用帮助消化的药物，常用的有胃蛋白酶、胰酶、淀粉酶、乳酶生、酵母及稀盐酸等。对于重症腹泻者排水样而无特殊腥臭味的粪便，可用炒焦的高粱混于饲料内，喂给哺乳母猪。

3）抗菌消炎。根据病情常用磺胺脒 1 份、鞣酸蛋白 2 份，混合后取 12～15 g，内服，每日 3 次。此外，也可应用红霉素、多黏菌素、新霉素等。

4）补液解毒。对重症仔猪，应适当补液解毒，常用 5%葡萄糖生理盐水，或氯化钠液等。为了解除酸中毒，可静脉注射 5%碳酸氢钠液。

（2）肠炎：肠炎指肠黏膜的急性或慢性炎症。它可作为仅侵害小肠黏膜的一种独立性疾病，通常更为常见的是广泛涉及胃或结肠的炎性疾病。临诊上以消化紊乱、腹痛、腹泻、发热为特征。

**【病因】** 体内外的沙门杆菌、大肠杆菌、变形杆菌、弧菌及病毒等，在动物体抵抗力降低时，都可成为肠炎病原菌。液态饲喂时如果不注意采食量的控制和圈舍料槽的清洁卫生，易使料槽内的余料发生腐败变质，造成新鲜饲料污染，最终使猪只采食霉变饲料引起肠炎。过食或长期滥用抗生素也可引起肠炎。

**【临诊症状】** 肠炎最为突出的症状是腹泻。十二指肠前部和胃发炎，或小肠患有炎症的局限性病灶时，均可引起呕吐。患结肠炎时，可出现里急后重，粪便稀软、水样或胶冻状，并带有难闻的臭味。小肠出血性肠炎，粪便呈黑绿色或黑红色；大肠出血性肠炎，粪便表面附有鲜血丝或血块。

病原微生物所致肠炎，体温升高，精神沉郁，食欲减退或废绝。重症肠炎者机体脱水，迅速消瘦，电解质丢失和酸中毒。急性病例有弓腰、不安等腹痛症状，触诊腹壁紧张、敏感。

慢性肠炎，病变和症状都较急性轻微，由于反复腹泻，猪只脱水，消瘦，营养不良，或者腹泻便秘交替出现，其他症状不太明显。病理变化较轻者肠黏膜轻度充血和水肿，严重的胃管和肠管坏死，肝、肾实质脏器变性等。

**【诊断】** 根据病史和症状易于诊断，但查清病因需要进行实验室检查。

**【防治】** 防治方法有以下几种。

1）控制饮食。病初要禁食，但应让病猪少量多次饮水，最好让其自由饮用口服补液盐，病情好转时需给予无刺激性易消化食物。

2）控制和预防病原菌继发感染。选用有效抗菌药物，如庆大霉素、阿莫西林、喹诺酮类或磺胺类药物等。

3）补充水分、电解质和防止酸中毒。选用复方生理盐水、葡萄糖、碳酸氢钠注射液等。

4）对症治疗。腹泻伴有呕吐时，给予止吐药，如胃复安等。心脏衰弱时应用毒毛旋花苷 K、西地兰等强心药。久泻不止时可用收敛剂，如鞣酸蛋白、白陶土、思密达等。

（3）支气管炎：支气管炎是各种原因引起动物支气管黏膜表层或深层的炎症，临诊上以咳嗽、流鼻液和不定热型为特征。各种动物均可发生，但幼龄和老龄动物常见。寒冷季节或气候突变时容易发病，分为急性支气管炎和慢性支气管炎。

**【病因】** 急性支气管炎主要由以下病因引起。

1）物理因素：如受潮湿和冷空气的刺激，异物的刺激（如灌药时药物误入气管，呕吐时食物逆流入气管内）、霉菌孢子、尘埃等，食道内异物及肿瘤等的压迫。

2）化学性因素：如刺激性气体（$SO_2$、$NH_3$、$Cl_2$ 烟雾等）

吸入。

3）生物性因素：某些细菌病毒等，如肺炎球菌、巴氏杆菌、嗜血杆菌、链球菌、葡萄球菌、流行性感冒病毒等的感染所致。或外源性非特异性病原菌乘虚而入，出现支气管炎。

4）过敏反应：常见于吸入花粉、有机粉尘、真菌孢子等引起气管-支气管的过敏性炎症。

5）诱发因素：饲养管理粗放，如猪舍卫生条件差、通风不良、闷热潮湿以及饲料营养价值低等，导致机体抵抗力下降，均可成为支气管炎发生的诱因。其中闷热潮湿是液态饲喂过程中支气管炎发生的主要诱因。

慢性支气管炎病因通常由急性转变而来，由于致病因素未能及时消除，长期反复作用，或未能及时治疗，饲养管理不当，均可由急性转变为慢性。老龄动物的呼吸道防御功能下降，喉头反射减弱，单核-巨噬细胞系统功能减弱，慢性支气管炎的发病率较高。猪只维生素 C、维生素 A 缺乏，硬性支气管黏膜上皮的修复，降低了溶菌酶的活力，也容易发生本病。

**【临诊症状】** 急性支气管炎主要的症状是咳嗽。病初常为带痛的干咳，后转为湿咳。严重时为痉挛性咳嗽，在早晨尤为严重。在疾病初期，表现为干、短和疼痛咳嗽。随着炎性渗出物的增多，变为湿而长的咳嗽。有时咳出较多的黏液或黏液脓性的痰液，呈灰白色或黄色。同时，鼻孔流出浆液性、黏液性或黏液脓性的鼻液。

异物引起的支气管炎，后期可发展为腐败性炎症，出现呼吸困难，呼出气体有腐败性恶臭，两侧鼻孔流出污秽不洁和有腐败臭味的鼻液。

慢性支气管炎出现持续性咳嗽，咳嗽拖延数月甚至数年。咳嗽严重程度视病情而定，一般在运动、采食、夜间或早晚气温较低时，常常出现剧烈咳嗽。痰量较少，有时混有少量血液，急性发作并有细菌感染时，出现大量黏脓性的痰液。肺部听诊，初期因支气管有大量稀薄的渗出物，可听到湿啰音，后期由于支气管渗出物黏稠，则出现干啰音；早期肺泡呼吸音增强，后期因肺泡气肿而使肺泡音减弱或消失。由于长期食欲不良和疾病消耗，病猪逐渐消瘦。

**【诊断】** 急性支气管炎根据病史，结合咳嗽，流鼻液和肺部出现干、湿啰音等呼吸道症状即可初步诊断。血液化验、病原检测和X射线检查即可确诊。慢性支气管炎根据持续性咳嗽和肺部啰音等特征症状，结合实验室检查即可做出诊断。本病应与流行性感冒、急性上呼吸道感染等疾病相鉴别。流行性感冒发病迅速，体温升高，全身症状明显，并有传染性。急性上呼吸道感染，鼻咽部症状明显，一般无咳嗽，肺部听诊无异常。

**【治疗】** 本病的治疗方法有以下几种。

1）消除病因。将病猪安置在通风良好且温暖的猪舍内，供给充足的清洁饮水和优质饲料。

2）祛痰镇咳。对咳嗽频繁、支气管分泌物黏稠的病猪，可口服溶解性祛痰剂；分泌物不多，但咳嗽频繁且疼痛，可给予镇痛止咳剂，如复方樟脑酊口服5~10 mL。

3）抗菌消炎。可选用抗生素或磺胺类药物。如青霉素、链霉素每日2次，连用2~3 d；病情严重者可用四环素5~10 mg、10%磺胺嘧啶钠溶液5~15 mL肌内注射。

（4）支气管肺炎：支气管肺炎又称小叶性肺炎或卡他性肺炎，是因各种刺激因子刺激支气管和肺组织而引发支气管及肺的卡他性炎症。各种年龄的猪均可发生，以幼龄猪及老龄猪多发。其病理特征是病灶内有浆液性分泌物、脱落的上皮细胞。

**【病因】**

1）原发病因。主要是受寒冷刺激，猪舍卫生不良，饲养不当，应激因素等使机体抵抗力降低，内源性或外源性细菌大量繁殖以致发病。

2）饲养管理不当，机体抵抗力下降可引发此病，但多由支气管炎转变而来。

3）异物及有害气体刺激，亦可致病。

4）继发或并发其他疾病，如仔猪的流行性感冒、猪肺疫、猪丹毒、猪副伤寒、猪丝虫病等。

**【临诊症状】** 临诊表现为弛张热，呼吸增数，叩诊有局灶浊音区，听诊有捻发音。病初呈现急性支气管炎的症状；病猪表现为精神沉郁，食欲减退或废绝，体温升高，呈现弛张热型，有时为间歇热；咳嗽、流浆液性、黏液性或脓性鼻液，呼吸困难。

**【病理变化】** 支气管肺炎主要发生于尖叶、心叶和膈叶前下部，病变为一侧性或两侧性。发炎的肺小叶肿大呈灰红色或灰黄色，切面出现许多散在的实质病灶，大小不一，多数直径在 1 cm 左右，支气管内能挤压出黏液性或黏脓性渗出物，支气管黏膜充血、肿胀。严重者病灶互相融合，可波及整个大叶，形成融合性支气管肺炎。组织学变化为病变区细支气管黏膜上皮坏死脱落、崩解，管腔内充满浆液、中性粒细胞、脓细胞和脱落的肺上皮细胞。由于病变发展阶段不同，各病灶的病变表现也不一致。有些呈脓性，支气管和肺组织遭到破坏；而另一些病灶内可能仅见浆液性渗出，有的只表现细支气管炎。

**【诊断】** 根据咳嗽、弛张热型、叩诊浊音及听诊捻发音和啰音等典型症状，剖检病变和 X 射线检查即可做出诊断。

**【防治】** 预防应加强饲养管理，避免淋雨受寒等诱发因素。供给全价日粮，健全完善的免疫接种制度，减少应激因素的刺激，增强机体的抗病能力。治疗原则是抑菌消炎、祛痰止咳、制止渗出、改善营养、加强护理。

1）抑菌消炎。临诊上主要应用抗生素和磺胺类制剂，治疗前最好采取鼻液做细菌药敏试验，如肺炎链球菌、链球菌感染，青霉素和链霉素联合应用效果最好；对肺炎链球菌感染的可用链霉素、卡那霉素、土霉素；对绿脓杆菌感染的，可使用庆大霉素。

2）祛痰止咳。常用氯化铵1~2 g，碳酸氢钠1~2 g，混合后灌服，每日3次，连用2~3 d。频发痛咳分泌物不多时，可内服复方樟脑酊5~10 mL，每日2~3次，镇痛止咳。

3）制止渗出。用10%氯化钙液10~20 mL或10%葡萄糖酸钙10~20 mL静脉注射，每日1次，具有较好的效果。

4）对症治疗。体质衰弱时，可静脉注射25%葡萄糖液200~300 mL，心脏衰弱时，可肌内注射10%安钠咖2~10 mL。

（5）猪链球菌病：猪链球菌病是由致病性链球菌引起的猪的急性败血性和局灶性淋巴结化脓的疾病。

**【流行病学】** 链球菌种类多，属条件性致病菌，在自然界和猪群中广泛分布，常存在于健康的哺乳动物和人体内。对猪则不分年龄、品种和性别均易感，但大多数在3~12周龄的仔猪暴发流行，尤其在断奶及混群时易出现发病高峰。主要通过口或呼吸道传播，也可垂直传播（有些新生仔猪可在分娩时感染）。猪链球菌定植在猪的上呼吸道（尤其是鼻腔和扁桃体）、生殖道和消化道，4周龄~6月龄的猪扁桃体带菌率为32%~50%。病猪和病死猪是主要的传染源，亚临床健康的带菌猪可排出病菌成为传染源，引起青年猪的感染。

猪链球菌病的流行无明显的季节性，一年四季均可发生，但7~10月易出现大面积流行，同时该病的暴发具有地域性。从外地引入带菌猪，混群、免疫接种、高温高湿、气候变化、圈舍卫生条件差等应激因素使猪的抵抗力降低时，均可诱发猪链球菌病。夏季使用液态饲喂发病多因圈舍内高温高湿。在猪链球菌众多血清型中，2型是猪的最主要病原，致病性最强。

**【临床症状】** 在临诊上，猪链球菌病主要表现为败血型、脑膜炎、关节炎和淋巴结脓肿。

1）败血型：主要见于流行初期的最急性病例，发病急，病程短，往往不见任何异常症状猪突然死亡，或突然减食或停食，精神委顿，体温升高到41～42 ℃，呼吸困难，便秘，结膜发绀，卧地不起，口、鼻流出淡红色泡沫样液体，多在6～24 h内死亡。

2）脑膜炎型：多发生于哺乳仔猪和断奶小猪，病初体温升高至40.5～42.5 ℃，停食，便秘，有浆液性和黏性鼻液，会出现神经症状，表现为运动失调、盲目走动、转圈、空嚼、磨牙、仰卧、后躯麻痹、侧卧于地、四肢划动似游泳状。急性型多在30～36 h死亡。亚急性或慢性型病程稍长，主要表现为多发性关节炎，逐渐消瘦衰竭死亡，或康复。

3）关节炎型：主要由前两型转来，或者从发病起就表现为关节炎。病猪的一肢或四肢关节肿胀、疼痛、跛行，不能站立，病程2～3周。

4）淋巴结脓肿型：是由猪链球菌经口、鼻及皮肤损伤感染而引起。断奶仔猪和出栏育肥猪多见，传播缓慢，发病率低，但猪群一旦发生，很难清除。主要表现为在颌下、咽部、颈部等处的淋巴结化脓和形成脓肿。受害淋巴结最初出现小脓肿，然后逐渐增大，感染后3周局部显著隆起，触诊坚硬、有热痛。病猪的采食、咀嚼、吞咽和呼吸均有障碍。脓肿成熟后，表皮坏死，破溃流出脓汁。脓汁排净后，全身症状显著减轻，肉芽组织生长结疤愈合。病程3～5周。

**【病理变化】**

1）急性败血型：血凝不良，皮肤有紫斑，黏膜、浆膜皮下出血。鼻黏膜紫红色，充血及出血。喉头、气管充血，常见大量泡沫。肺充血肿胀。全身淋巴管有不同程度的肿大、充血和出血。心包积液，淡黄色，少数可见轻度纤维素性心包炎，心内膜有出血点。有的可见轻度的纤维素性胸膜炎。腹腔有少量淡黄色积液，部分有较轻的纤维素性腹膜炎。多数病例脾肿大，少数增大1~3倍，呈暗红色或紫蓝色，软而脆易裂。胃和小肠黏膜有不同程度的充血和出血。肾脏多轻度肿大、充血和出血。脑膜有不同程度的充血，有时出血。

2）脑膜炎型：脑膜充血、出血，严重者溢血，少数脑膜下充满积液，脑切面可见白质和灰质，有明显的小出血点，其他与败血型变化相似。

3）慢性型：心内膜炎时，心瓣膜增厚，表面粗糙，在瓣上有菜花样赘生物，常见二或三尖瓣，有时还见于心房、心室和血管内。关节炎时，关节囊内外有黄色胶冻样液体或纤维素性脓性物质。

**【诊断】** 猪链球菌病感染一般可根据临床症状和病理剖检变化进行初步诊断。确诊需要通过血清学检查、分离病原菌和病理组织学检查等实验室方法进行。

**【治疗措施】**

1）做好消毒，清除传染源。病猪隔离治疗，带菌猪尽可能淘汰。污染的用具和环境用3%来苏儿液等消毒液彻底消毒。

2）做好菌苗预防接种。由于猪链球菌血清型较多，不同菌苗对不同血清型猪链球菌感染无交叉保护力或交叉保护力较小。预防用疫苗最好选择相同血清型菌苗。菌苗最好用弱毒活菌苗，因为细胞免疫在抵抗猪链球菌感染中发挥着很大作用。

3）药物预防。猪场或周围发生本病后，如果暂时买不到菌苗，可将药物添加于饲料中用于预防，以控制本病的发生。如磺胺类药物、阿莫西林、青霉素等拌料使用。出现神经症状的病猪，使用磺胺嘧啶钠注射液，治疗效果好。

（6）副猪嗜血杆菌病：本病是由副猪嗜血杆菌引起的猪的接触性细菌性传染病，又称猪多发性浆膜炎与关节炎或格拉瑟病。临诊上以体温高热、呼吸困难、关节肿大和运动障碍为特征，少数猪表现神经症状。近年来，本病的发生呈逐年增长的趋势。

**【流行病学】** 副猪嗜血杆菌是呼吸道中的常在菌，因此健康带菌猪可成为传染源。在转群、断奶后失去母源抗体保护，以及其他疾病导致免疫力下降时，可出现症状，排出病原菌。本病主要通过呼吸道传播，污染的器械也是传播媒介。本病只发生于猪，主要为2周龄~4月龄的青年猪，但哺乳仔猪、断奶后10 d左右的猪更易发生，一般发病率为10%~15%，严重时死亡率可达50%。

从该病发病情况分析，主要与猪场的猪体抵抗力、环境卫生、饲养密度有极大关系，如果猪发生过蓝耳病等，抵抗力下降时，副猪嗜血杆菌易乘虚而入；猪群密度大，过分拥挤，舍内空气混浊，氨气味浓，转群、混群或运输时多发。猪有呼吸道疾病，如支原体肺炎、猪流感、伪狂犬病和猪呼吸道冠状病毒感染时，副猪嗜血杆菌的存在可加剧它们的病情，使病情复杂化。

**【症状】** 本病临诊症状中，呼吸道症状最为常见，其次为关节肿大，运动障碍，少数为神经症状。

感染高毒力菌株后，病猪发热、食欲减退、厌食；呼吸困难、咳嗽；关节肿胀、跛型、颤抖；共济失调、可视黏膜发绀，随之可能死亡。感染中等毒力菌株的猪，往往出现浆膜炎与关节炎。

**【病理变化】** 初期心包积液、胸水、腹水和关节液增加，继而在胸腔、腹腔和关节等部位出现淡黄色的纤维素性渗出物，严重病例发现心包与心脏、肺与胸膜粘连，或整个腹腔脏器包括肝脏、脾脏等粘连。脑膜充血或混浊增厚，脑回展平，脑沟变浅，脑沟中有浆液性渗出物，渗出物中可见纤维蛋白、中性粒细胞和较少量的巨噬细胞。此外，副猪嗜血杆菌引起的急性败血症中，可见皮肤发绀、皮下水肿和肺水肿。

【诊断】 根据特征的临诊症状和剖检变化可以做出初步诊断，确诊需做实验室检查。

【防治】

1）加强饲养管理。由于本病为机体内常在菌，如果抵抗力降低，会引起本病的发生。因此，应加强猪群的饲养管理，如保持合理的饲养密度，加强通风与保温。确保饲料营养全面、保证维生素、微量元素充足等。由于仔猪出生7日龄内在鼻腔内已经有本菌定居，因此早期断奶技术不适用于本病的防控。

2）药物预防。早期用抗生素治疗，可减少死亡；临诊症状出现后，需立即采用口服之外的方式应用大剂量的抗生素对整个猪群进行投药治疗，而不仅仅只针对出现临诊症状的猪，多数副猪嗜血杆菌分离株对氟苯尼考、替米考星、阿莫西林、头孢类、四环素和庆大霉素等药物敏感，但对红霉素、氨基糖苷类、壮观霉素和林可霉素有抗药性。

3）免疫预防。目前国内有不同的副猪嗜血杆菌灭活疫苗供应，其制苗菌株的血清型有所不同，但不同血清型副猪嗜血杆菌之间缺乏交叉保护力。近几年来，我国流行的优势血清型是血清4型、5型、13型以及不能分型的菌株，发生该病的猪场最好使用分离自本场的菌株制备灭活疫苗，效果较好。

（7）仔猪副伤寒：副伤寒是由沙门杆菌引起的仔猪的一种传染性疾病，主要侵害断奶前后的仔猪。

【流行病学】 本病的传染源是病猪及隐性感染的带菌猪，还有鼠类。它们通过粪尿将病原体排到外界环境中，污染饲料、饮水及周围环境。仔猪吃了被污染的饲料、饮水经消化道感染。胎儿也可在带菌母体子宫内发生感染。出生仔猪还可通过脐带感染。1~4月龄仔猪易感，断奶前后更高发。沙门杆菌在健康猪体肠道中有时可正常存在而不引起疾病。当猪抵抗力降低时，细菌就迅速繁殖而引发疾病。本病一年四季均可发生，冬春季节气候寒冷、气温巨变，雨雪天气时易于流行。

【临床症状】

1）急性败血型：体温突然升高至41~42 ℃，精神沉郁，厌食，一般不见腹泻，后期才出现水样、黄色粪便。耳根、胸前和腹下及四肢末端皮肤有紫红色斑点。一般在2~4 d内死亡。病死率较高。剖检常见脾肿大，蓝色，硬实。肠系膜淋巴结索状肿，切面似大理石样。肝轻微肿大，可见细小的黄灰色坏死小点。全身黏膜、浆膜有出血点，胃肠黏膜可见急性卡他性炎症。

2）慢性型：体温40.5~41.5 ℃，精神萎靡，怕冷。眼有黏性或脓性分泌物。食欲减退，初便秘后下痢，粪便水样淡黄色或灰绿色，恶臭。部分猪只腹部皮肤见弥散性湿疹，揭开可见浅表溃疡；之后会出现脱水、消瘦、衰竭而死，病程2~3周，耐过猪只变成僵猪。慢性病猪消瘦，皮肤有绿豆大痂样皮疹。盲肠、结肠甚至回肠后段有坏死性肠炎，肠壁增厚，黏膜上出现坏死灶并覆盖一层糠麸样伪膜，肝可见黄灰色坏死点。

【诊断】 根据流行特点、临床症状和剖检变化可做出初步诊断。确诊需要采取肝、脾、肺等病灶样品接种培养基进行细菌分离，进一步可进行生化试验和血清学分型试验鉴定分离株。

【防治】

1）加强饲养管理。保持猪舍及环境卫生，及时清除粪便。仔猪应提前补料，防止突然换料。

2）疫苗免疫。常发病猪场，应使用仔猪副伤寒冻干疫苗给1月龄以上哺乳或断奶仔猪进行免疫接种，耳后浅层肌内注射1 mL或口服，免疫期可达9个月。

3）药物预防与治疗。平时可在饲料中添加抗生素，如土霉素，预防副伤寒。发现病猪，应立即隔离，全群消毒，对污染的圈舍及环境彻底消毒；可用土霉素、新霉素和磺胺类药物进行治疗；对未感染猪群、生长发育停滞的小僵猪应及时淘汰；病死猪应严格执行无害化处理。

（8）大肠杆菌病：本病是指由致病性大肠杆菌引起的猪的多种临床表现或疾病的统称，包括猪的局部性或全身性大肠杆菌感染、大肠杆菌性腹泻、败血症和毒血症等。根据发病日龄及临诊症状表现的差异又分为仔猪黄痢、仔猪白痢和猪水肿病。

**【流行病学】** 致病性大肠杆菌主要存在于母猪的肠道、产道及周围环境中，因此带菌母猪是本病的主要传染源。猪的各种大肠杆菌病主要通过消化道感染。仔猪黄痢最容易发生于1~3日龄的仔猪，但个别仔猪也可能在生后12 h内发病，往往在同窝仔猪中的发病率达80%以上，病死率较高。仔猪白痢多发生于10~30日龄的仔猪，如果一窝猪有一头发病，其余仔猪便可同时或相继发生，发病率中等，病死率低。猪水肿病主要发生于断奶后1~2周的仔猪，并且大多数是生长快而肥壮的仔猪，其发病率虽低，但病死率可达90%以上。

寒冷的冬季及炎热潮湿的夏季多发仔猪黄痢和白痢；饲料突然更换，天气湿冷，气候多变时多散发猪水肿病。

**【临床症状及病理变化】**

1）仔猪黄痢是初生仔猪的一种急性、致死性疾病。临诊上以腹泻、排黄色或黄白色粪便为特征。病理变化为尸体脱水严重，胃肠道鼓胀，有多量黄色液体内容物和气体；肠黏膜呈急性卡他性炎症变化，小肠壁变薄，以十二指肠最为严重；胃内有酸臭凝乳块。

2）仔猪白痢是由大肠杆菌病引起的2~4周龄仔猪的一种急性肠道传染病。临诊上以排灰白色、腥臭、糨糊状稀粪为特征。病死仔猪外表苍白、消瘦、脱水，剖检见肠系黏膜有卡他性炎症病变。

3）猪水肿病是由溶血性大肠杆菌引起断奶后仔猪的一种毒血症。其临诊特征是突然发病，病程短促，头部和胃壁等处出现水肿，共济失调，麻痹和惊厥。病理变化主要是水肿，胃壁及肠系膜水肿最为明显；胃贲门区黏膜水肿增厚可达 2 cm 以上，严重时可延伸到黏膜下层组织，水肿液为胶冻状。

**【诊断】** 猪大肠杆菌病通常根据其流行特点和临诊症状结合剖检即可做出初步诊断，必要时可进行实验室检测，取黄痢和白痢病猪的小肠前段，用无菌盐水轻轻冲洗刮取黏膜，或取水肿病病猪肠系膜淋巴结，接种麦康凯培养基，挑取红色菌落做进一步培养和生化试验。

**【防治】**

1）加强分娩舍的卫生及消毒工作，定期对母猪进行预防性投药，最大限度地降低仔猪的发病率。

2）加强疫苗的免疫接种，使仔猪获得坚强的免疫力。疫苗免疫应在本地区或猪场大肠杆菌血清型调查的基础上，使用与本地区菌株血清型一致的疫苗。预防仔猪黄痢，可对妊娠母猪产前 6 周和 2 周进行两次疫苗免疫。而预防仔猪白痢和猪水肿病，可在仔猪出生后接种大肠杆菌腹泻基因工程多价苗和灭活苗。

3）加强仔猪的饲养管理，保证及时获得足够的初乳。控制分娩舍温度，保持在 22～27 ℃，初生仔猪周围的温度应调整至 30～32 ℃，同时注意适时通风换气，根据仔猪的生长发育特点，及时补铁补硒，增强机体的抵抗能力。

4）定期进行大肠杆菌药敏试验，确保疾病发生后的治疗质量。对于仔猪黄、白痢治疗的原则应是抗菌、补液、母仔兼治。猪发病时立即进行全窝给药治疗。

（9）猪喘气病：又称为猪支原体肺炎，是由猪肺炎支原体引起的猪的一种慢性呼吸道传染病。

**【流行病学】** 大小猪均有易感性，其中哺乳仔猪及幼猪最易发病，其次是妊娠后期及哺乳母猪。成年猪多呈隐形感染。主要传染源是病猪和隐性感染猪，病原体长期存在于病猪的呼吸道及其分泌物中，随咳嗽和喘气排出体外后，通过接触呼吸道而使易感猪感染。本病的发生没有明显的季节性，以冬春季较多见。

**【临床症状】** 本病潜伏期一般为 11~16 d，根据病程的发展经过，可分为三种类型。

1）急性型：病猪精神萎靡不振，呼吸困难，张口喘气，有明显的腹式呼吸，咳嗽次数少而低沉。

2）慢性型：主要症状为咳嗽，呼吸困难，病猪常流少量鼻液。

3）隐性型：成年猪多见。不表现任何症状，以 X 射线检查可见到肺部病灶。

剖检病变临床特征为喘气和咳嗽，融合性支气管肺炎，肺心叶、尖叶、中间叶和膈叶前缘呈“肉样”和“虾肉样”变。

**【诊断】** 根据临床症状和剖检病变怀疑本病，确诊需进行病菌分离培养、鉴定。

**【防治措施】**

1）猪场自繁自养，尽量不从外地引入猪只，引种需经过严格的检疫。

2）全进全出。搞好猪舍环境卫生消毒，保持舍内空气流通。早期断奶和多点式隔离饲养，可减少哺乳仔猪和保育猪的带菌量。

3）药物预防。可在产前 1~2 周在饲料中添加泰妙菌素或林可霉素，投药 7 d。使用泰乐菌素对仔猪和保育猪进行药物预防与保健。

4）疫苗免疫。疫苗免疫对猪肺炎支原体感染的控制是有效的。

弱毒活疫苗：在仔猪 5~7 日龄时右侧肺内注射一次；种公、母猪在每年的 8~10 月免疫一次。

灭活疫苗：采用肌内注射的方法。仔猪在 7~10 日龄时进行免疫，在2~3周以后再加强免疫一次，有的疫苗仅在7~10日龄进行一次免疫接种；种公、母猪每半年免疫一次。

5）治疗。对发病猪群，可用泰妙菌素、泰乐菌素、林可霉素、恩诺沙星等药物拌料、饮水或注射。

## 99. 育肥猪液态饲喂的常见疾病有哪些？怎么防治？

育肥猪常见疾病有直肠脱。直肠脱是指直肠的一部分，甚至大部分向外翻转脱出肛门。

**【临床症状】** 病猪卧地或排粪后直肠部分脱出，即直肠部分性或黏膜性脱垂。在发生黏膜垂脱时，直肠黏膜的皱襞往往在一定时间内不能自行复位。若此现象经常出现，则脱出的黏膜发炎，很快在黏膜下层形成高度水肿，失去自行复原的能力。随着炎症和水肿的发生直肠壁全层脱出。由于脱出的肛管被肛门括约肌钳压，从而导致血循环障碍，水肿更加严重。同时因受外界污染，表面污秽不洁，沾有泥土、草屑、粪污等，以致发生黏膜出血、糜烂、坏死和继发损伤。此时患病猪常伴有全身症状，体温升高，食欲减退，精神沉郁，并且频频努责，做排粪姿势。

**【治疗】** 病初及时治疗便秘、下痢等，消除致病因素。并注意饲喂青草和软干草，充分饮水。对脱出的直肠，则根据具体情况，参照下述方法及早治疗。

1）整复。适用于发病初期或黏膜性脱垂的病例。整复应尽可能在直肠壁及肠周围蜂窝组织未发生水肿以前实施。方法是先用0.25%温热的高锰酸钾溶液或1%明矾溶液清洗患部，除去污物或者坏死黏膜，然后用手指谨慎地将脱出的肠管还纳原位，在肛门处配合温敷防止再脱。

2）黏膜剪除。适用于脱出过多，整复有困难，脱出的直肠发生坏死、穿孔或有套叠不能复位的病例。行荐尾间隙硬膜外腔麻醉或局部浸润麻醉手术，方法常用以下两种：

a. 黏膜下层切除术：在距离肛门周缘约1 cm处，环形切开达黏膜下层，剥离黏膜层，并将其剪除，两断端即最后肠壁顶端黏膜边缘与肛门周围黏膜边缘用肠线做结节缝合。

b. 直肠部分切除术：在充分清洗、消毒脱出肠管的基础上，取两根麻醉针头或细编织针，紧贴肛门处交叉穿刺脱出的肠管将其固定住。在固定针后方约2 cm处，对肠管进行环形横切，充分止血后，把肠管两层断端的浆膜和肌层分别做结节缝合，然后用单纯连续缝合法分别缝合内外两层黏膜层。缝合结束后用0.25%高锰酸钾溶液充分冲洗、蘸干，涂以碘甘油或抗生素药物。

3）固定。在整复后仍继续脱出的病例，需考虑在肛门周围做荷包缝合，缩小肛门孔，防止再脱出。在距离肛门孔2~3 cm处，做一肛门周围的荷包缝合，收紧缝线，保留1~2指大小的粪口，打成活结以便根据具体情况调整肛门口的松紧度，经一周左右猪只不再努责时，则可将缝线拆除。

## 100. 母猪液态饲喂的常见疾病有哪些？怎么防治？

（1）母猪难产：妊娠期满后，胎儿能否顺利产出，主要取决于产力、产道和胎儿三者之间的相互关系，如果其中任何一方出现异常均会导致难产。难产是指由于各种原因而使分娩的各个阶段明显延长，如不进行人工引产，则母体难于或不能排出胎儿的产科疾病。难产可造成母猪子宫及产道损伤、腹膜炎、休克、弥散性血管内凝血等疾病，严重的可导致母猪死亡；同时，可因脐带受压、胎盘过早剥离、子宫肌压迫性收缩等原因导致胎儿死亡。因此，如何预防、处理母猪难产，是实现安全分娩的关键。

【防治】

1）治疗：对子宫收缩微弱的难产，每隔 15～30 min 肌内注射或皮下注射 20 万～50 万 u 催产素，5～10 min 后子宫收缩，发生阵痛，胎儿自行产出。在用催产素处理之前，先肌内注射雌二醇 15 mg，效果更加明显。

2）助产：助产时要先做阴道检查。注意清洁卫生，母猪后部、产道及术者手都要进行清洗。术者指甲要剪短，手臂涂上润滑剂。

先让母猪躺卧，然后用手指分开阴唇，呈圆锥形轻轻伸入产道。先探查产道有无损伤，然后检查胎儿胎位、胎势及胎向是否正常。轻度异常者，只要抓到头和两侧前肢或两侧后肢，轻轻用力缓慢拉出即可；对于胎势及胎位异常严重者可进行矫正。有条件者可用产科钳、猪索套、锐或钝型钩子进行助产，但注意使用这些器械时要防止滑脱。对于死胎，可用钩子钩住胎儿眼眶和硬腭进行牵拉。若发生臀部前置，先把手伸进产道，用食指从腹侧钩住每条后肢的飞节，拉它向后伸展，就能正常产出。助产后，要再次检查产道是否有胎儿存在，产道是否损伤。拉出的胎儿应立即清除其呼吸道黏液以刺激其呼吸。

（2）母猪肢蹄病：母猪肢蹄病是最常见的一种疾病，同时母猪肢蹄病是集约化程度高、大型养猪场最常见的疾病之一，本病的发生与种质、营养、环境卫生及病原微生物等多种因素有着直接的关系。虽然肢蹄病一般不具有传染性，但其在猪场的发生率却很高，一般可达 5%～10%，再加上本病治愈率较低，往往导致母猪过早淘汰，给养猪企业造成巨大的经济损失。

【病因】 引起母猪肢蹄病发生的因素主要有以下几种。

1）种质因素：某些品种本身的种质特征决定猪易发生肢蹄病，如杜洛克猪的蹄壳耐磨程度较差，某些传统品种品系的长白猪，其胫骨轻细，肢蹄不够发达，往往会因承受力不足而引起母猪肢蹄病的发生。

2）营养因素：母猪日粮营养缺乏或过剩，营养素之间不平衡，均可导致肢蹄病。当日粮中钙、磷比例不当或缺乏，会引起母猪肢蹄无力，甚至后肢瘫痪；初生仔猪缺硒可引起培育过程中的后备母猪肢蹄偏软；饲料中维生素 D 缺乏会影响钙、磷的吸收，易造成种猪骨软化、跛行，而缺乏维生素 H 则易引起肢蹄损伤、蹄裂；后备母猪在培育过程中供给过高的蛋白质日粮则可引起软骨病；泛酸缺乏则可引起共济失调、步态不稳等。

3）设备因素：目前绝大多数的养猪场都采用的是高床限位栏和铸铁漏缝地板，这种设施极易对母猪肢蹄造成损伤，并加速其磨损，尤其是在液态饲喂过程中，常采用漏缝地板来减少粪污对圈舍造成的污染。

4）管理及病理因素：管理方面如频繁转群、并圈，猪舍内卫生状况差、粪便清理不及时，配种时地面坡度大、公猪体重过大，猪相互殴斗无人看管，猪的饲养密度过大、缺乏光照、拥挤等；病理方面如口蹄疫、链球菌病、猪丹毒杆菌及嗜血杆菌等均可引起母猪肢蹄受损跛行进而遭到淘汰。

**【预防】**

1）精心选种选育，选种引种时要选择四肢强健、高矮适中、站势良好、行走有力、无肢蹄病（包括无卧系）的种猪；查看系谱，拒绝引进有遗传缺陷的种猪；在本场选种留种时，严防近亲交配。

2）加强营养供给，在不同的生产阶段给母猪提供与之对应的营养丰富而平衡的全价配合饲料。保证饲料中能量、蛋白质、矿物质、维生素的供应量，特别要适当补充生物素、维生素 D 和亚硒酸钠、维生素 E。饲料中钙、磷比例适当，必需氨基酸配比平衡，有条件的可以让母猪适当晒晒太阳，可以促进钙、磷的吸收。严禁饲喂霉菌污染或变质的饲料。

3）改善地面结构，目前多数猪场怀孕母猪舍的地面基本上都是水泥地面。因此，要求地面既不能太粗糙，也不能过于光滑，地面摩擦系数以 0.2～0.4 为宜，并且要确保一定的坡度，前后落差 15～20 cm，污水能很顺畅地流到猪舍后面的粪沟内。有的猪场地面采用全漏缝地板，可使地面达到保温、防积水和坚固的效果。

4）合理加强运动，设置大栏进行群养，每栏 4～5 头母猪，每天饲喂 3 次。比较先进的猪场可以采用电子自动饲喂系统饲喂，每栏 30 头母猪，每天饲喂 2 次。此外，在场内设置露天运动场，采用黏土地面，母猪断奶之后能够得到充分的运动。

5）对症治疗。

a. 细菌感染。轻者每千克体重肌内注射青霉素 2 万～3 万 u，或每 50 kg 体重注射 1 支阿莫西林钠，或注射头孢噻肟钠，并结合肌内注射萘普生，缓解疼痛症状。蹄部化脓溃烂者，用双氧水清洗干净后，涂上龙胆紫水，防止再感染；也可以用青霉素和普鲁卡因分点注射，进行封闭治疗。

b. 病毒性疾病。主要是做好口蹄疫和乙型脑炎的疫苗免疫，发病后采用对症治疗的方法进行治疗。

c. 风湿性肌肉疼或风湿性关节炎。肌内注射或静脉注射萘普生注射液，或肌内注射对乙酰氨酚注射液，同时配合头孢菌素或者阿莫西林进行治疗。

d. 缺钙。由于缺钙引起的母猪肢体软弱无力，可每头静脉滴注 10%葡萄糖水溶液 500 mg+10%葡萄糖酸钙注射液 100～150 mg，或用生理盐水 500 mg+维生素 $B_1$200～400 mg。

# 参考文献


[1] 约翰·盖德. 现代养猪生产技术——告诉你猪场盈利的秘诀 [M]. 周绪斌, 张佳, 潘雪男, 主译. 北京: 中国农业出版社, 2015.

[2] GEOFFL H. Look how mush feed is wasted [J]. Pig International, 1997, 27 (2): 21-22.

[3] WONG N P, MCDONOUGH F E, HITCHINS A D. Contribution of Streptococcus thermophilus to growth-stimulating effect of yogurt on rats. [J]. Journal of Dairy Science, 1983, 66 (3): 444-449.

[4] 郗伟斌, 颜卉, 关贵岩. 猪液态饲喂理论与实践 [J]. 养猪, 2004 (2): 9-10.

[5] 宋忠旭, 李良华, 严荣华, 等. 规模化猪场液态料智能化饲喂系统的应用与实践 [J]. 养猪, 2007 (6): 30-32.

[6] 张家富, 罗丽萍, 何若钢. 非常规能量饲料原料的营养价值及其在养猪生产上的应用 [C] //广西畜牧兽医学会养猪学分会 2010 年年会暨学术报告会. 2011.

[7] MARKHAM C E. Different nutrition of calves in relation to the leves of thyroid bormones andsome biochemical index [J]. Zivocisna vyroba, 1994, 39 (11): 961-971.

[8] 郭建同, 张成裕. 搞好高产奶水牛生产的技术措施 [J]. 农村养殖技术, 2002, 16: 7.

[9] 孙荣鑫, 蔡永辉, 邱才英, 等. 长富奶牛生产性能测定分析 [J]. 乳业科学与技术, 2003 (3): 139-140.

[10] 李朕杰, 余红心, 柴磊. 牛液态饲料的推广 [J]. 中国牧业通讯,

2005（15）：68-69.
[11] 许先查，刁其玉，王建红，等．液态饲料饲喂量对 0~ 2 月龄犊牛生长性能的影响［J］．畜牧与兽医，2011，43（2）：4-8.
[12] HEINRICHS A J，WELLS S J，LOSINGER W C. A study of the use of milk replacers for dairy calves in the United States［J］. Journal of dairy science，1995，78（12）：2 831-2 837.
[13] 张蓉，刁其玉．碳水化合物组成对犊牛生长性能及消化代谢的影响［J］．塔里木大学学报，2008，20（3）：14-20.
[14] JENSEN B B，MIKKELSEN L L，GARNSWORTHY P C，et al. Feeding liquid diets to pigs.［J］. Recent Developments in Pig Nutrition，1998.
[15] KIM J H，HEO K N，ODLE J，et al. Liquid diets accelerate the growth of early-weaned pigs and the effects are maintained to market weight［J］. Journal of Animal Science，2001，79（2）：427-434.
[16] 王金全，周岩华，蔡辉益．国际猪液体饲喂研究进展［J］．养猪，2009（4）：11-14.
[17] 张荣波．对工厂化猪场饲喂设备的探讨［J］．现代农业装备，1998（4）：11-14.
[18] 刁其玉，张乃峰．非常规饲料资源开发与应用评价［C］.//中国林牧渔业经济学会饲料经济专业委员会第六届学术交流大会论文集．中国农业科学院饲料研究所，2009：100-105.
[19] 杨静，曹洪战，李同洲，等．饲料桑粉对生长育肥猪的营养价值评定［J］．中国兽医学报，2015，35（08）：1 371-1 374.
[20] 周琼．安康地区构树营养成分的测定［J］．陕西农业科学，2012，58（01）：69-71.
[21] 李海新．发酵构树叶对生长猪营养物质消化率、肥育性能、屠宰性能及肉质的影响［D］．广东海洋大学，2010.
[22] 冯定远，吴新连．非常规饲料原料的合理使用［J］．广东饲料，2001，10（3）.
[23] 汪勇，汤海鸥，李富伟．非常规饲料资源开发利用的研究进展［J］．广东饲料，2008，17（1）：36-37.
[24] 陈道仁．饲料粉碎粒度对饲料品质的影响［J］．湖南饲料，2002

（2）：30-31.
［25］李兰海，王自蕊，游金明，等．构树叶在畜禽生产中的研究进展［J］．饲料工业，2018，39（01）：24-26.
［26］夏中生，何国英，廖志超，等．构树叶粉用作生长肥育猪饲料的营养价值评价［J］．粮食与饲料工业，2008（12）：37-38.
［27］郭建兵，张成叶，席淑云，等．液体纳米维生素对母猪繁殖性能的影响［J］．中国畜牧兽医文摘，2015（8）：223-224.
［28］杜冰，陈赞谋，张延涛．复合型液体酸化剂对断奶仔猪的保健和促生长作用［J］．广东饲料，2008（7）：31-32.
［29］肖雄渲，刘金山，鲍淑青．不同剂型香味剂产品的比较及对小猪生长性能的影响［J］．中国饲料添加剂，2008（8）：27-29.
［30］THULIN A J，BRUMM M C. Water：The Forgotten Nutrient［J］//Swine Nutrition. 1991.
［31］胡善辉，陆伟，何余涌．液态饲料在养猪生产中的应用研究［J］．江西畜牧兽医杂志，2010（3）：33-35.
［32］FRASER D，PATIENCE J F，PHILLIPS P A，et al. Water for piglets and lactating sows：quantity，quality and quandaries［J］. Recent advances in animal nutrition-1990，1990：137-160.
［33］中国养殖网．饮水对猪发育的影响［J］．养殖与饲料，2013（10）：49-49.
［34］BARBER J，BROOKS P H，CARPENTER J L. The effects of water to feed ratio on the digestibility，digestible energy and nitrogen retention of a grower ration［J］. Proceedings of the British Society of Animal Production（1972），1991，1991：136.
［35］李如治．家畜环境卫生学［M］．3版．北京：中国农业出版社，2011.
［36］杨公社．猪生产学［M］．北京：中国农业出版社，2002.

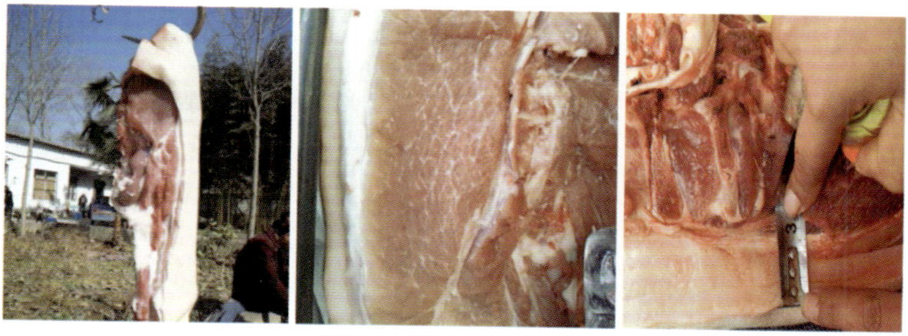

**彩图 1　屠宰后分割图片**

（左为排酸后分割、中为包装箱内礼品、右为屠宰 1h 内的肉色）

饼干渣

碎面包

巧克力

辣椒粕

鸡肠

淀粉汤

玉米浆

豆腐渣

牛奶

**彩图 2　非常规饲料原料一**

玉米面

小米油糠

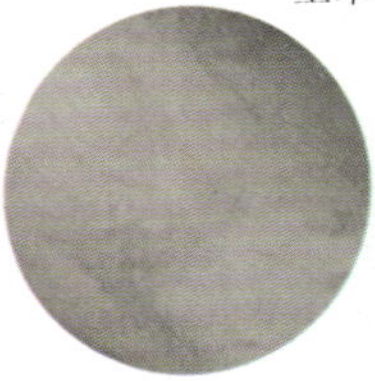

次粉

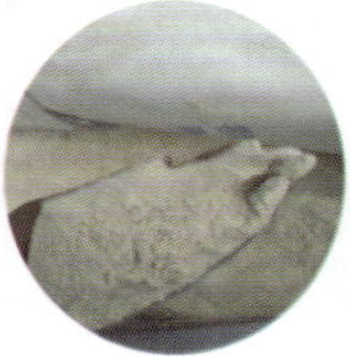

次粉

黄粉

黄粉

面包片

芝麻粕

水解畜毛粉

青稞

**彩图 3　非常规饲料原料二**

液态宝（畜用）　　液态宝（猪用）　　液态宝（形态）

彩图 4　液态宝

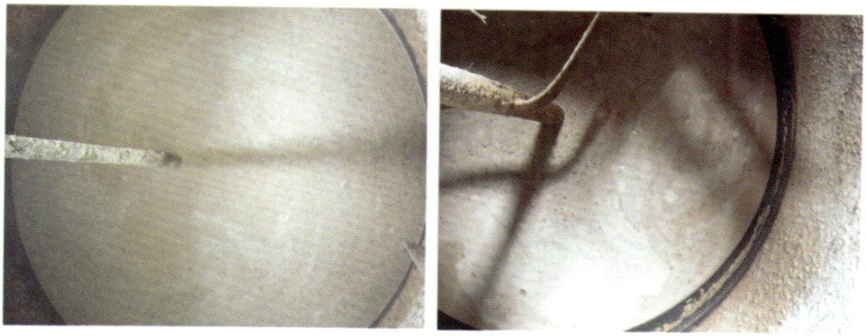

对照组

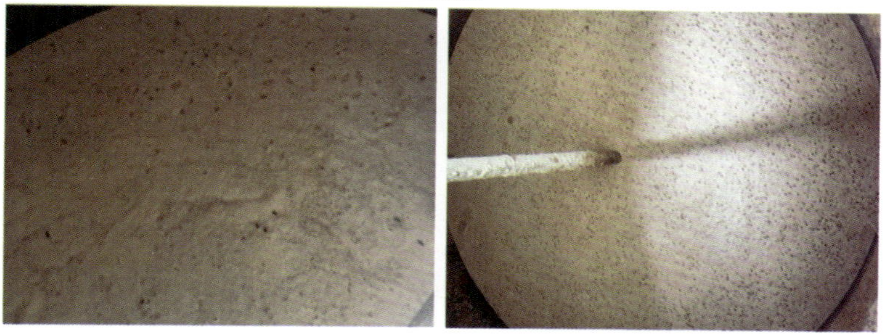

预消化组

彩图 5　利用液态酶制剂对饲料进行预消化

120型

100型

170型

全自动型

彩图 6　液态饲喂设备

彩图 7　饲料分层

彩图 8　液态饲喂设备（料罐和控制器部分）

# 河南爱猪人生物科技股份有限公司企业介绍

河南爱猪人生物科技股份有限公司创立于 2015 年 10 月，公司位于郑州市金水区金明路 17 号，是一家以猪营养相关产品研发和技术服务为主导的高科技、创新型企业。公司依托以河南农业大学李振田博士为理事长的中原猪营养研究中心和河南省液态饲喂研究中心，建立了强大的研发技术团队，目前公司拥有博士 3 名、硕士 4 名，已获得各项知识产权近 10 项。公司产品研发的主要方向包括液态饲喂专用饲料及添加剂、液态饲喂系列设备、非常规饲料原料的开发评定和利用、猪肉品质的改良提升等。

几年来，公司以液态饲喂系统的持续研究和推广为主线，以“三位一体（做好料、养好猪、卖好肉）+互联网（中国液态饲喂网）”战略的逐步落地为支撑，迅速发展，目前公司拥有下列全资和控股企业。

河南隆港科技有限公司，位于郑州市航空港区郑港办事处 070 号，专注于液态饲喂系统和养殖设备的研发和推广。2014 年正式推出“天蓬乐”（注册商标）液态饲喂设备，2016 年 1 月正式申报液态饲喂设备发明专利“一种精确饲喂系统”，2018 年 3 月获得国家知识产权局颁发的发明专利（专利号：ZL 2016 1 0054580. 1）。该公司在几年的成长和发展过程中突破重重技术难关，精益求精，不但使公司的产品技术更先进、性能更稳定，而且使用价值更高。该公司目前已拥有料塔称重系统、环境控制系统、母猪定量喂食系统等多项专利，是雏鹰集团技术研发试用合作单位，法国大欧集团大陆合作单位，台湾大青集团大陆授权单位。

漯河市郾城区万鑫佳养殖基地，系公司全资拥有的科研猪场，目前存栏母猪近400头，计划在两年内扩建至经产母猪1 000头。主要承担公司液态饲料系列产品（包括公司非常规饲料原料）开发验证、液态饲喂系列设备开发验证、液态饲喂肉质改良研究等，并对外承接畜牧行业第三方产品验证工作。

郑州深蓝农业科技有限公司，着力打造“探客”作为具有较强公信力的畜牧行业第三方产品验证平台，分别从6个专业探客体系（营养体系、环保体系、育种体系、兽药应用体系、生物安全体系、养殖管理体系）进行360度求证，本着客观、公正、严谨、彰显价值的原则，探索有效的养殖解决方案。“探客”运营一年来，已承接徐州天意药业、蔚蓝生物、宜宾新举措、法国Animine等数十家产品验证业务，目前正在与美国、瑞士的几家公司洽谈合作。

开封市盛邦绿地生态农牧发展有限公司，经营范围涵盖农产品种植与销售、畜禽养殖与销售、有机肥生产销售、品牌肉加工销售（2018年8月，“液涞香”品牌猪肉已正式启动运营）。该公司总计占地约500亩，目前拥有两个种养结合基地，年出栏生猪达5万头。该公司积极参与扶贫工作，带动开封杞县焦田寨村贫困村民于2017年底实现脱贫，得到了市、县各级政府的肯定。

漯河爱猪人生态农牧发展有限公司，占地面积约1 600亩，设计年出栏生态猪约3万头，目前征地工作已经完成，项目规划立项正在进行。该公司旨在打造生猪全液态自动化饲喂和种养结合的典范，助力液态饲喂智慧养猪在中国的推广。

爱猪人作为中国首家液态饲喂系统综合服务商，将坚定不移地致力于液态饲喂系统在中国的研究和推广，在前进的征途中，我们愿与大家一起为中国养猪业的转型升级和健康发展做出贡献！

# 企业文化

企业经营哲学：生存重于发展

企业宗旨：开放　包容　创新　发展

企业经营理念：以养猪人为本，创新驱动发展，价值赢得尊重，实现共创共享

企业战略定位：中国液态饲喂系统综合服务商

企业使命：致力于规模猪场液态饲喂系统及猪营养产品的研发和推广，为养猪人创造最大价值

企业精神：团结、务实、担当、进取、乐观、坚持、勤俭、奉献

企业核心价值观：精于营养　工于价值

企业愿景：成为一个值得人民尊敬的公众企业